KB066275

누구나 맛있는 우리 집!

서영자 집밥 205

<영자씨의 부엌> 서영자 지음

영자씨의 부엌

감사합니다.

용감한 까치

일러두기

- 책에 소개한 레시피는 5인분 기준입니다.
- 책에 소개된 레시피는 유튜브 '영자씨의 부엌'에서 확인할 수 있습니다.

서영자 집밥 205

초판 1쇄 발행 2024년 1월 29일

지은이 서영자
발행인 우현진
발행처 (주)용감한 까치
출판사 등록일 2017년 4월 25일
팩스 02)6008-8266
홈페이지 www.bravekkachi.co.kr
이메일 snowwhite-kka@naver.com

기획 및 책임편집 우혜진 **디자인** 죠스 **마케팅** 리자 **교정교열** 이정현
<1시간에 만드는 일주일 반찬> 푸드 스타일링 iamfoodstylist group(푸드디렉팅&포토 총괄 김현학 / 푸드스타일링 정우영, 한정수, 강혜림, 조유경, 윤혜민, 남은경, 지유정, 성윤지, 김나희, 여근향, 송유정, 김규리, 전영선)
<영자씨의 부엌 최고의 레시피100> 푸드 스타일링 락앤쿡 최은주 **포토그래퍼** 내부순환스튜디오 김지훈 **촬영 어시스턴트 팀장** 락앤쿡 이수진 **촬영 어시스턴트** 락앤쿡 이단비, 윤태상, 박현지 **촬영 스태프** 이정민 **쿠킹 스튜디오** 락앤쿡 푸드컴퍼니 **촬영 진행** 김소영

2권 협찬 제공 실바트 / 명장용호실업 / DIA TV
CTP 출력 및 인쇄 · 제본 미래피앤피

ISBN 979-11-91994-25-4(13590)

세상에서 가장 용감한 고양이 '까치'

동물 병원 블랙리스트 까치. 예쁘다고 만지는 사람들 손을 마구 물고 할퀴며 사나운 행동을 일삼아 못된 고양이로 소문이 났지만, 사실 까치는 누구보다도 사람들을 사랑하는 고양이예요. 사람들과 친해지고 싶은 마음에 주위를 뱅뱅 맴돌지만, 정작 손이 다가오는 순간에는 너무 무서워 할퀴고 보는 까치.

그러던 어느 날, 사람들에게 미움만 받고 혼자 울고 있는 까치에게 한 아저씨가 다가와 손을 내밀었어요. "만져도 되겠니?"라는 말과 함께 천천히 기다려준 그 아저씨는 "인생은 가까이에서 보면 비극이지만, 멀리서 보면 코미디란다"라는 말만 남기고 횡하니 가버리는 게 아니겠어요?

울고 있던 겁 많은 고양이 까치는 아저씨 말에 마지막으로 한 번 더 용기를 내보기로 했어요. 용기를 내 '용감'하게 사람들에게 다가가 마음을 표현하기로 결심했죠. 그래도 아직은 무서우니까, 용기를 잃지 않기 위해 아저씨가 입던 옷과 똑같은 옷을 입고 길을 나섭니다. '인생은 코미디'라는 말처럼, 사람들에게 코미디 같은 뻥 뚫리는 즐거움을 줄 수 있는 뚫어뻥 마법 지팡이와 함께 말이죠.

과연 겁 많은 고양이 까치는 세상에서 가장 용감한 고양이가 될 수 있을까요? 세상에서 가장 용감한 고양이 까치의 여행을 함께 응원해주세요!

contents

PART 01
한 그릇 요리

PART 02
맛반찬

PART 03
국 · 찌개 외

PART 04
맛 김밥

PART 05
맛전

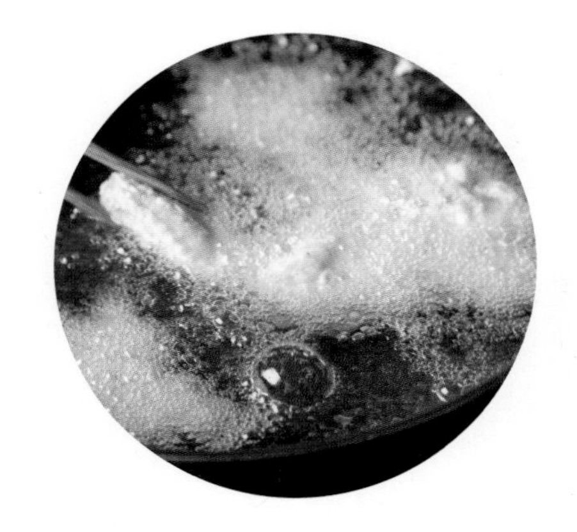

PART 06
맛 스페셜

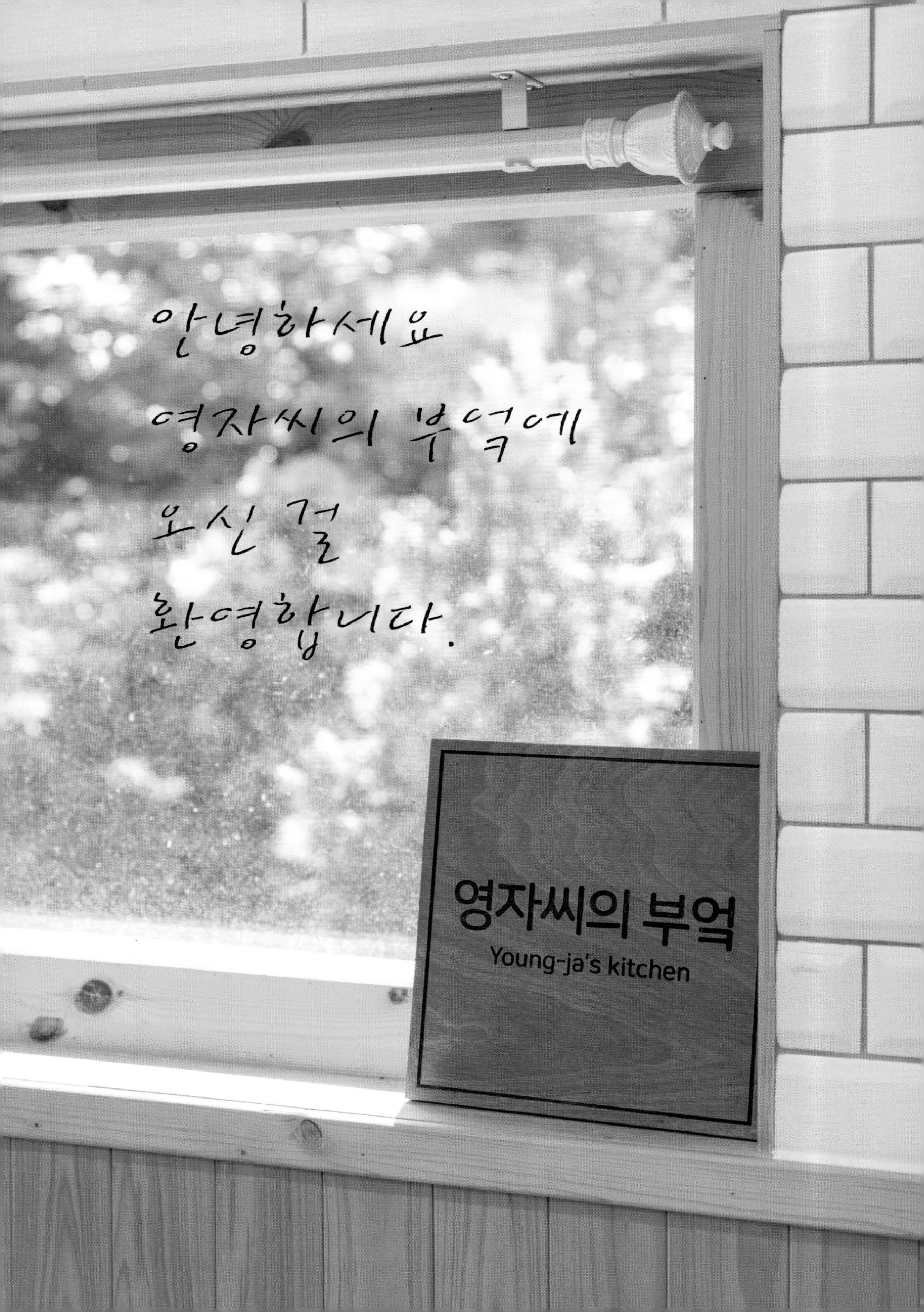
안녕하세요
영자씨의 부엌에
오신 걸
환영합니다.
영자씨의 부엌
Young-ja's kitchen

PROLOGUE

저는 항상 말합니다.
"요리는 과학이다."

식재료의 특징과 요리 과정에 따라 맛이 천차만별이기 때문입니다.
요리는 순서에 따라 맛에 차이가 납니다.
그래서 과정을 중요시하는 비법을 이 책에 꾹꾹 눌러 담았습니다.
복잡함은 덜어내고 쉽고 간단하게
내 딸과 며느리에게 가르쳐 주듯 자세히 집필했습니다.

요리를 하면 좋은 점이 많지만 가장 중요한 것은
행복이 뒤따라온다는 것입니다.
만드는 나의 행복과 그것을 먹는 가족의 행복,
누군가에게 베풀 수 있다는 행복.
그래서 요리를 한다는 것은 저에게 큰 행복입니다.

이 행복을 독자 여러분도
꼭 느껴보시길 바랍니다.

끝으로, 유튜브 영상이나 방송 촬영도, 돈가스 가게도, 책 작업도, 그리고 손이 많이 가는 농사와 정원 가꾸기에도 늘 두 팔 걷어붙이고 함께 노력해주는 우리 가족들에게 고마움의 인사를 전하고 싶습니다.

꿈이 너무 많은 엄마를, 아내를 위해 불평 한마디 하지 않고 묵묵히 옆에서 함께 길을 걸어주는 가족들. 특히 고된 시간을 보내고 정년을 맞아 편히 쉬고 싶을 법도 한데, 촬영이며 뒤치다꺼리며, 밭일까지 모두 나서서 해주는 우리 남편. 라이브 방송을 할 때면 빠진 재료가 있지 않을까, 돌발 상황이라도 있지 않을까 싶어 저보다 더 긴장하고, 필요하면 급하게 시내까지 나가 빠진 재료를 사다주는 수고로움에도 싫은 내색 한번 하지 않는 남편에게 가장 큰 감사의 말을 보내고 싶습니다.

최고의 남편인 당신 덕에 최고의 아이들과 요리를 잘 모르던 저에게 하나하나 다정히 가르쳐주시던 최고의 시어머니를 만날 수 있었습니다. 모두 당신 덕분입니다.

우리 인생의 1막이 당신의 꿈이었고, 2막이 저의 꿈이었다면, 이제 3막은 우리의 꿈을 이루는 걸 테죠. 지금까지 고마웠고, 앞으로도 잘 부탁합니다.

초간단 계량법

스푼

500㎖ 계량컵

저울

1큰술 수북이

계량스푼으로 가득 떠서 볼록하게 담는다.

1큰술

계량스푼으로 싹 깎아서 담는다.

약간

계량스푼에 ⅓ 정도 담길 만큼이다.

식재료 썰기

① **깍둑썰기** 무, 양파 등 두께가 있는 채소를 주사위 모양으로 써는 방법

② **반달썰기** 무, 당근, 애호박 등 원형 채소를 반원형으로 써는 방법

③ **모서리 돌려 깎기** 밤, 당근, 무 등을 큼직하게 썬 후 모가 난 테두리를 둥글게 깎는 방법

④ **돌려 깎기** 오이, 호박, 대추 등의 껍질을 돌려서 깎는 방법

⑤ **나박 썰기** 무, 감자 등의 채소를 네모꼴로 써는 방법

⑥ **어슷썰기** 파, 당근, 우엉 등 가늘고 긴 채소를 비스듬하게 써는 방법

⑦ **다지기** 양파, 파, 마늘 등 가늘게 채 썰어 작게 조각내서 써는 방법

⑧ **편 썰기** 무, 마늘 등을 앞부분부터 납작하게 써는 방법

⑨ **채 썰기** 오이, 당근, 애호박 등의 채소를 편 썰기한 후 가늘게 써는 방법

동태 손질법

① 비늘을 벗긴다.

② 흐르는 물에 씻는다.

③ 배를 갈라 내장의 검은 막을 제거한다(검은 막을 제거하지 않으면 씁쓸한 맛이 납니다).

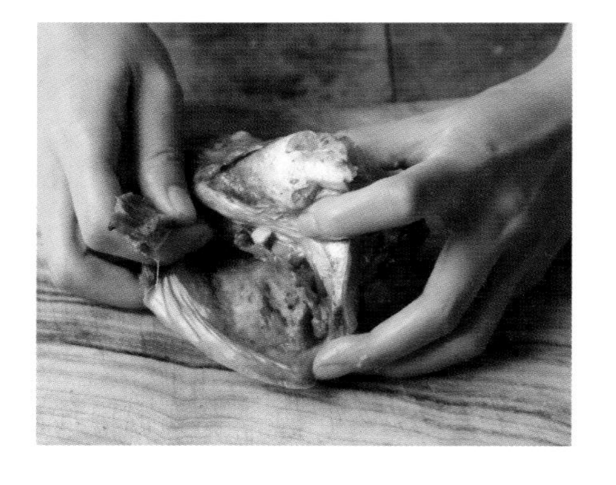

④ 아가미를 제거한다.

오징어 손질법

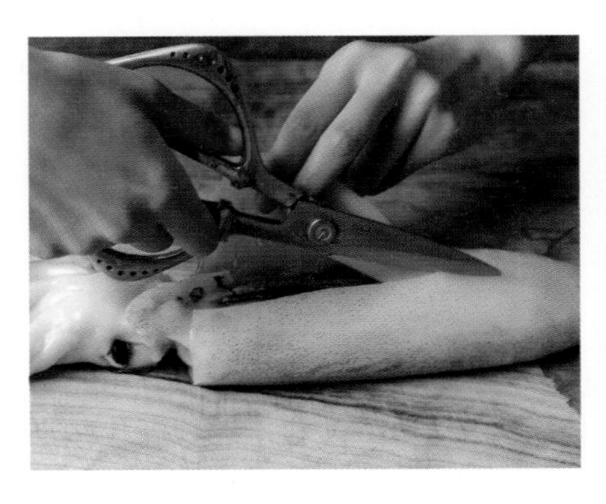

① 배를 갈라 내장을 제거한다.

② 내장 밑 뼈를 제거한다.

③ 눈 윗부분 내장을 잘라낸다.

④ 다리 위쪽의 입과 눈을 제거한다.

낙지 손질법

① 낙지 머리를 가위로 잘라 내장을 제거한다.

② 눈을 제거한 뒤 몸통을 뒤집어 입을 밀어내 제거한다.

③ 빨판을 중심으로 밀가루를 뿌려 바락바락 주무른 후 물에 헹군다.

새우 손질법

① 새우의 긴수염과 머리 위 뿔을 가위로 잘라낸다.

② 새우 등 두 번째 마디에 이쑤시개를 찔러 넣어 내장을 제거한다(튀김에 사용할 경우 꼬리에 붙어 있는 물총을 꼭 제거한 후 사용합니다).

전복 손질법

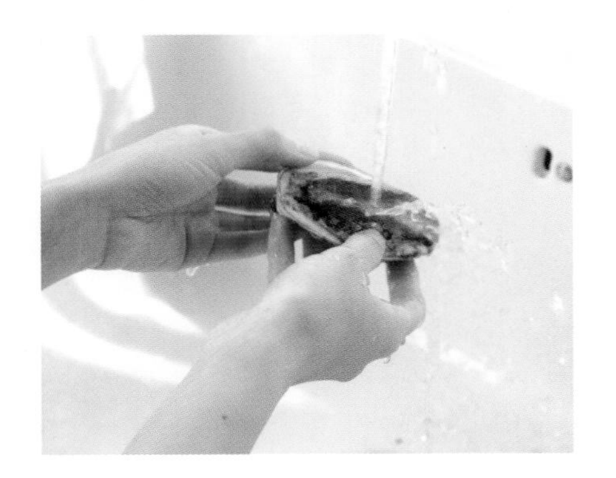

① 흐르는 물에 씻는다.

② 브러시를 이용해 전복 살이 뽀얘질 때까지 닦는다.

③ 밥숟가락으로 전복 살과 껍질을 분리한다.

④ 전복의 이빨과 내장을 차례로 제거한다.

꽃게 손질법

① 브러시를 이용해 전체적으로 닦아준다.

② 꽃게 다리의 끝부분을 잘라낸다.

③ 다시 한번 깨끗이 씻어 몸통을 분리한다.

④ 아가미와 모래주머니를 잘 뜯어낸다.

생닭 손질법

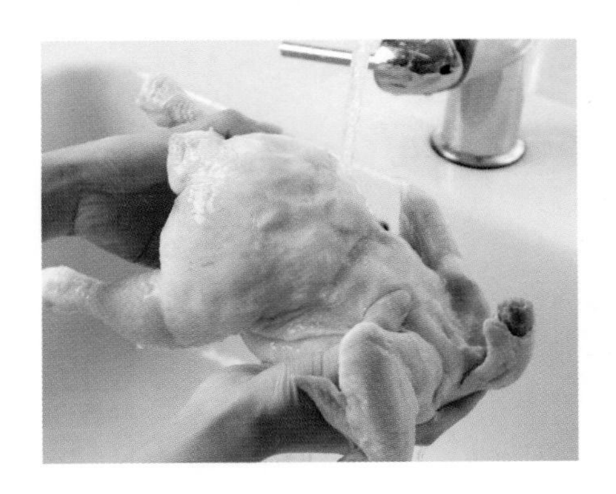

① 흐르는 물에 씻는다.

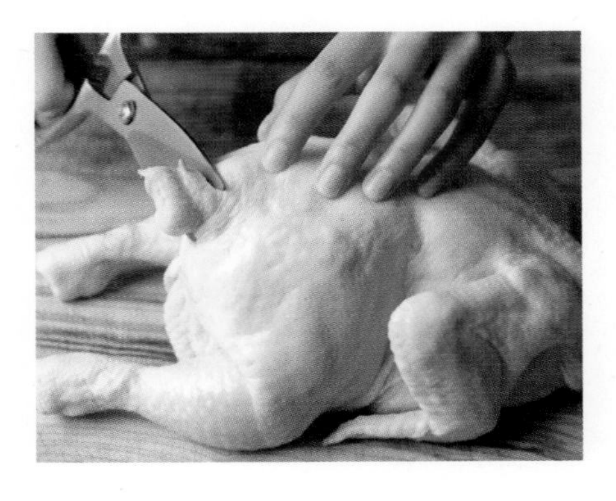

② 닭 꼬리 쪽 기름기를 가위로 잘라 제거한다.

③ 목을 뒤집어 기름기를 제거한다.

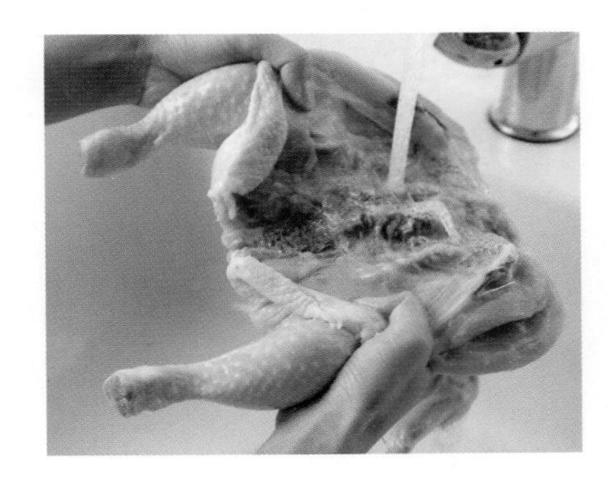

④ 배를 가른 후 뼈 사이에 있는 핏덩어리를 흐르는 물에 깨끗이 씻어낸다(피를 제거하지 않으면 잡내가 납니다).

맛 내기 양념과 소스

· **천일염** 김치, 장을 담글 때 사용.

· **함초 소금** 밑반찬이나 국의 간을 맞출 때 사용.

· **굵은 고춧가루** 김치를 담글 때 또는 찌개에 사용.

· **고운 고춧가루** 고추장, 물김치같이 색을 선명하게 낼 때 사용.

· **진간장** 볶음, 조림, 장아찌를 할 때 사용.

· **국간장** 진간장에 비해 맛이 더 진하고 짠것이 특징. 국, 찌개의 간을 맞출 때 사용.

· **생강청** 김치, 생선, 육류의 잡내를 제거하고 풍미를 끌어올릴 때 다양하게 사용. ※ 숙성해서 사용하면 맛이 더욱 증가됩니다.

· **포도즙** 고기에 양념할 때 풍미를 끌어올리기 위해 사용.

· **배즙** 단맛을 낼 때 설탕 대신 사용.

· **식초(하인즈 식초)** 맛이 부드러워 장아찌를 만들 때 사용.

· **참기름** 모든 요리에 두루 사용.

· **보리** 고추장 찌개나 나물에 사용.

· **된장** 국, 찌개, 기타 양념에 사용.

멸치 국물 만들기

① 멸치 1줌(약 100g)을 흐르는 물에 살짝 씻는다.

② 통에 멸치를 넣고 생수를 부은 후 뚜껑을 닫는다.

※ 멸치와 생수는 1:1의 비율로 넣어주세요.

③ 냉장실에 (2)를 넣은 후 12시간 후에 꺼낸다.

④ 냄비에 (3)을 붓고 표고버섯과 다시마, 대파를 넣어 한소끔 끓인 뒤 스테인리스 스틸 채반으로 건더기를 걸러준다.

※ 이미 냉장실에서 충분히 우러난 만큼, 절대 오래 끓이지 말고 한소끔만 끓여야 합니다. 취향에 따라 물을 더 넣고 끓여도 괜찮아요.

※ 완성된 국물은 냉장실에 넣어두고 드세요. 약 3일간 보관할 수 있습니다.

김칫국물 만들기

재료 사과, 배, 멸치, 북어, 양파, 대파, 표고버섯, 다시마, 생수

보관 냉장, 냉동 모두 가능(냉장의 경우 일주일, 냉동은 1개월)

생수에 갖은 재료를 넣어 센 불로 1시간 정도 푹 끓여 식힌 후 사용한다.

※ 먹다 남은 과일을 버리지 말고 냉동 보관해 국물에 넣으면 좋습니다.

배즙 만들기

① 배를 흐르는 물에 씻는다.
② 식초 1큰술을 넣은 물에 배를 잠시 담갔다가 흐르는 물에 씻는다.
③ 배는 물기를 닦아 냉동실에 넣고 하루 동안 얼린다.
※ 얼린 배를 끓이면 즙이 훨씬 더 잘 나온답니다.
④ 하루 동안 얼린 배를 꺼내 실온에 약 3시간 동안 놓아두어 자연 해동한다.
⑤ 해동된 배는 씨 부분을 도려낸 후 한 입 크기로 썰어준다.
⑥ 압력밥솥에 (5)를 넣고 뚜껑을 닫은 후 강한 불로 끓인다.
⑦ 압력추가 울리면 약한 불로 줄여 1시간 더 끓인다.
⑧ 불을 끄고 김이 나갈 때까지 기다린다.
※ 소리가 나지 않을 때까지 김을 뺀 후 뚜껑을 열어주세요.
⑨ 소쿠리에 밭쳐 건더기를 걸러준다.
※ 저는 보통 하룻밤 정도 소쿠리에 밭친 채 놓아둡니다. 그러면 배를 면보에 짜지 않아도 밤새 즙이 계속 빠지면서 단맛이 더해진답니다. 그릇을 엎어 채반 밑에 받치면 장시간 밭쳐둘 수 있어요.
⑩ 식은 배즙을 잘 저은 후 병에 넣는다.

배즙은 이렇게 보관해요! 배즙을 보관하는 방법은 두 가지인데, 각자 편한 방법으로 보관해보세요.
① 식힌 채로 병에 넣은 후 냉장실에 보관하기 ② 뜨거울 때 병에 넣은 후 서늘한 곳에서 거꾸로 뒤집어 보관하기

포도즙 만들기

① 압력밥솥에 적당량의 포도를 알알이 떼어 넣는다.

※ 압력밥솥이 없다면 스테인리스 스틸 냄비 중 두꺼운 것을 사용하세요.

② 손으로 포도를 으깬다.

③ 뚜껑을 닫고 강한 불로 끓이다가 추에서 소리가 나면 약한 불로 줄인다.

④ 압력이 다 빠지면 뚜껑을 열고 채반에 걸러준다.

※ 채반에 밭친 채 하룻밤 정도 두면 굳이 면보로 포도를 짜지 않아도 즙이 완벽하게 걸러져요. 그릇을 엎어 채반 밑에 받치면 장시간 밭쳐둘 수 있어요.

⑤ 완성된 포도즙은 유리병에 담아 냉장실에 보관한다.

※냉장실에서 1년 동안 보관할 수 있어요.

생강청

영자씨만의 생강청은 시중에 판매되는 생강청과 다릅니다. 첨가제를 넣지 않고 국산 생강을 듬뿍 담아 만들어 생강의 깊은 맛을 한층 더 많이 즐길 수 있어요. 잡내와 비린내를 잡아주기 때문에 고기 요리나 자신이 없는 요리에 사용하기 안성맞춤입니다. 생강 원물을 많이 넣었기 때문에 씹는 맛이 기분 좋고, 향은 진하지만 매운맛은 덜해 생강을 잘 먹지 못하는 분들이 즐기기에도 매우 좋습니다.

꿀마늘 만들기

① 마늘은 껍질을 벗겨 물에 씻은 후 물기를 제거해 준비한다.

※ 햇마늘로 만들어야 단맛이 더 강해 맛있어요. 마늘은 알이 큰 걸로 준비해 주세요. 큰 마늘에서 진액이 더 많이 나온답니다.

② 찜기에 마늘을 넣고 뚜껑을 덮은 후 찐다.

③ 김이 오르고 마늘 향이 나기 시작하면 뚜껑을 열고 마늘을 하나 꺼내 방망이로 으깨본다.

※ 방망이로 쉽게 으깨질 때까지 계속 쪄주세요.

④ 다 익은 마늘은 뜨거울 때 볼에 옮겨 담아 방망이로 으깬다.

※ 방망이 대신 주걱을 사용해도 잘 으깨져요.

⑤ ⑷를 한 김 식힌 후 꿀을 붓고 잘 섞는다.

※ 마늘과 꿀의 비율은 3:1입니다.

⑥ 완성된 꿀마늘을 통에 담는다.

※ 반씩 나눠 담아 각각 냉장실, 냉동실에 보관하는 것도 좋은 방법이에요. 냉장실에 둔 걸 먼저 먹고, 냉동실에 보관한 걸 나중에 먹으면 오래 보관할 수 있어요.

호박잎 부드럽게 찌는 법

① 호박잎 줄기의 까슬까슬한 면을 손으로 까면서 손질한다.

② 손질한 호박잎을 물에 담가 흙먼지를 털어내며 부드럽게 세척한다.

③ 흐르는 물로 잎의 앞뒤를 꼼꼼하게 헹군 후 물기를 털어준다.

※ 잎 뒷면에 벌레가 알을 까는 경우가 많으니 꼼꼼하게 헹궈주세요.

④ 찜기에 물을 넣고 끓이다, 한소끔 끓어오르면 호박잎을 조금씩 나눠 지그재그로 겹쳐 깔아준다.

※ 잎 앞면이 위를 보도록 해서 넣어주세요.

⑤ 약 2분 후 뚜껑을 열어 집게로 호박잎 전체를 한번에 뒤집은 다음 다시 뚜껑을 닫는다.

⑥ 다시 2분 후 뚜껑을 열고 불을 끈다.

※ 잎을 만졌을 때 보들보들하면 완성입니다. 물컹거리는 걸 좋아한다면 불을 끈 채 뚜껑을 닫고 2분 정도 더 기다리세요.

⑦ 다 쪄진 호박잎을 채반 위에 옮겨 1장씩 펼쳐놓는다.

※ 펼쳐놓지 않으면 시커멓게 익어버리니 주의하세요.

양배추 맛있게 찌는 법

① 양배추를 4등분한 후 뿌리의 심지를 잘라낸다.

② 가장 바깥쪽 껍질을 벗겨낸 후 손으로 2~3장씩 겹겹이 떼어낸다.

※ 가장 바깥 껍질은 버리세요.

③ 너무 큰 잎은 세로로 칼집을 낸다.

※ 반만 칼집을 내주세요. 너무 크다고 조각내서 찌면 단맛이 빠져 맛이 없으니, 찌기 편할 정도로 칼집만 내 준비하세요.

④ 손질한 양배추를 흐르는 물에 깨끗하게 씻는다.

⑤ 찜기에 물을 넣고 끓이다, 한소끔 끓어오르면 양배추를 큰 잎부터 차례대로 넣는다.

※ 바깥 면이 위를 보도록 엎어서 올려주세요.

⑥ 약 3분 후 뚜껑을 열고 집게로 위아래를 뒤집어준 뒤 다시 뚜껑을 닫는다.

※ 아래 깔린 잎들은 위로, 위에 얹힌 잎들은 아래로 서로 바꿔주세요.

⑦ 약 2분 후 뚜껑을 열고 불을 끈다.

※ 더 물컹하게 찌고 싶으면 불을 끈 채 뚜껑을 덮어 1~2분 정도 더 기다리세요. 덩어리가 큰 것도 뚜껑을 덮은 채 조금 더 넣어두세요.

강원도 출신 영자씨의 옥수수 맛있게 삶는 법

① 옥수수의 껍질과 수염을 제거한다.

※ 제일 안쪽 껍질 한 겹과 대는 남겨두세요. 단맛이 더 커진답니다.

② 냄비에 옥수수와 소금 ½큰술을 넣고 물을 붓는다.

※ 물이 너무 짜지 않도록 간을 보고 맛을 맞춰주세요. 물은 옥수수가 푹 잠길 만큼 담습니다. 단맛을 원할 경우 시나당을 조금 추가하세요.

③ 불을 켜고 강한 불로 끓인다.

④ 옥수수의 단 향이 나기 시작하고 물이 끓어오르면 뚜껑을 열어 잘 익었는지 확인한다.

⑤ 다 익었다면 물을 버린 후 뚜껑을 닫고 약한 불로 줄여 다시 끓인다

※ 물은 다 쏟아버리면 안 됩니다. 바닥이 살짝 잠기도록 약간은 남겨두어야 합니다.

⑥ 약 10분 후 뚜껑을 열고 아래에 깔린 옥수수를 위로 옮긴 다음 다시 뚜껑을 닫는다. 약 10분 후 불을 끄고 옥수수를 꺼낸다.

감자 포실포실하게 삶는 법

① 감자를 흐르는 물에 씻은 후 감자칼을 이용해 껍질을 벗겨 찬물에 잠깐 담가둔다.

② 두툼한 냄비에 감자를 넣은 후 물을 80% 정도 넣고 소금 ½큰술을 넣는다.

③ 감자가 익으면 물을 따라내고 약불로 5분 정도 뜸을 들인다.

④ 물기가 졸아들면 냄비를 흔들어 바로 뚜껑을 열어 접시로 옮긴다.

조기구이 냄새는 적게, 기름은 튀지 않게 굽는 법

① 조기를 깨끗이 씻은 후 가위로 꽁지와 지느러미를 자른다. 종이 포일을 한 장 깔고, 그 위에 조기를 올린다.

※ 나중에 이 종이 포일로 조기를 감쌀 거예요. 그러니 포일은 넉넉하게 준비해 깔아주세요.

② 솔로 조기에 청주와 올리브유를 차례대로 골고루 바른다.

※ 조기의 양면에 골고루 발라주세요. 청주를 바르는 것은 조기의 비린내를 제거하기 위함입니다. 비린내에 예민하지 않으신 분들은 청주를 바르지 않아도 괜찮아요.

③ 포일을 반으로 접어 조기를 덮는다.

※ 포일을 정확하게 반으로 접어 덮는 게 아니라, 아래에 깔린 포일이 1㎝ 정도 더 길게 남도록 접어 덮어주세요.

④ 1㎝ 길게 남겨둔 밑의 포일로 위의 포일을 감싸듯 접은 후 공간이 남지 않도록 돌돌 접어 말아준다.

⑤ 조기의 입과 꼬리 부분의 포일도 각각 1㎝ 넓이로 접으면서 돌돌 만 후 클립으로 고정한다.

⑥ 예열한 프라이팬에 (5)를 올린 후 중간 불로 조절한 다음 뚜껑을 덮는다.

⑦ 10분 후 자작자작한 소리가 들리고 고기가

을 열고 조기를 뒤집는다. 뒤집은 후 중간 불로 5분, 약한 불로 5분 더 구워준다.

⑧ 다시 뚜껑을 덮고 중간 불로 5분, 약한 불로 5분 더 굽는다.

※ 구우면서 금방 익는 꼬리보다 잘 익지 않는 머리가 불 가운데 올 수 있도록 프라이팬 위치를 조절하면서 구워주세요.

⑨ 다 익은 조기를 팬에서 꺼내 포일을 벗긴 후 한 김 식힌 다음 접시에 담는다.

고구마 껍질 잘 벗겨지게 찌는 법

① 고구마를 씻을 땐 물에 잠시 담근 후 씻으면 더욱 편하다.

② 상처 난 부분은 도려낸다.

③ 찜기에 넣어 찐다.

④ 고구마 냄새가 올라오면 열어서 확인한다. 쇠젓가락이 잘 들어가면 다 익은 것이다.

⑤ 익은 고구마는 냄비에 뚜껑을 덮어 보관하지 않고 쟁반이나 채반으로 옮겨놓는다.

식재료 보관 노하우

고기 냉동 보관법

재료 위생봉투 **보관 기간** 2주

먹다 남은 고기를 간단하게 냉동하는 방법으로 위생봉투 테두리를 잘라내 봉투를 크게 편 후 고기를 1장씩 말아서 보관한다.

※ 먹기 전 미리 꺼내 자연 해동하는 것이 가장 맛이 좋습니다.

※ 한번 녹은 고기는 다시 얼리지 마세요!

새우젓 보관법

재료 밀폐 용기, 위생봉투 **보관 기간** 3개월

냉장·냉동 보관에도 새우젓의 색이 변하지 않게 하는 방법으로 냉장용으로 사용할 새우젓은 위생봉투에 넣은 뒤 잘 여며 밀폐 용기에 보관한다. 냉동고에 보관할 새우젓은 밀폐 용기에 넣어 위생봉투로 덮은 후 뚜껑을 덮어 보관한다.

고추 냉동 보관법

재료 위생봉투 **보관 기간** 2개월

가을에 저렴한 가을걷이 고추를 구매해 냉동 보관할 때는 씻어서 물기를 제거한 뒤 자르지 않고 통으로 얼린다.

※ 절대 잘라서 얼리지 마세요.

감자 보관법

재료 종이 박스, 사과, 신문지

보관 기간 2개월

감자를 오랫동안 싱싱하게 먹을 수 있는 방법으로 종이 박스에 구멍을 낸 뒤 감자와 사과를 넣는다. 한 층 더 올릴 땐 위에 신문지를 깔고 감자와 사과를 넣는데 이때 사과는 흠집이 있는 걸 사용하면 안된다. 마지막으로 신문지를 1장 더 덮어 서늘한 곳에 보관한다.

대파 냉동 보관법

재료 밀폐 용기 **보관 기간** 2개월

저렴한 가을 대파를 구입해 냉동 보관할 때는 용도에 따라 자주 쓰는 모양으로 썰어 밀폐 용기에 보관해두거나 통으로 냉동하면 쓰임새가 다양해 좋다.

떡 냉동 보관법

재료 랩 **보관 기간** 1개월

먹다 남은 떡은 바로 랩으로 포장한뒤 냉동 보관하는데 이때 뭉쳐서 포장하지 않고 1개씩 각각 포장해야 먹을 때 편리하다.

※ 자연 해동하면 금세 녹으니 열을 가해 해동하지마세요.

PART 01

한 그릇
요리

전복죽

맛집이

재료

전복 2개, 찹쌀 200g, 물 1.2L, 참기름 2큰술, 소금 약간

1. 찹쌀은 위생봉투에 넣어 밀대로 밀어 으깹니다.

2. 전복은 칼로 잘게 다져놓습니다.

3. 그릇에 전복 내장을 옮겨 담아 가위로 잘게 자릅니다.

4. 냄비에 ①과 ②, 참기름을 넣어 볶습니다.

5. ④에서 쌀이 탁탁탁 튀는 소리가 나면 ③과 물(400㎖)을 넣어 끓입니다.

6. ⑤와 같은 방법으로 총 3회 반복해 완성합니다. 간을 보고 기호에 맞춰 소금으로 간을 합니다.

※ 물을 나눠 넣어야 쌀이 더 잘 퍼지고 전복의 맛이 더 깊게 우러납니다.

달래장 콩나물밥

맛집 02

재료

쌀 300g, 콩나물 300g, 물 300㎖, 우둔살 60g, 다진 대파(흰부분) 20g, 다진 마늘 2g, 진간장 ½큰술, 참기름 ½큰술

달래장 재료

달래 100g, 대파 10g, 다진 마늘 10g, 진간장 90㎖, 국간장 15㎖, 고춧가루 20g, 곱게 간 통깨 2큰술, 참기름 2큰술

1. 소고기 우둔살은 키친타월로 핏물을 제거한 후 채 썰어줍니다.

2. 볼에 ①과 다진 대파 20g, 다진 마늘 2g, 진간장 ½큰술, 참기름 ½큰술을 넣어 양념을 만듭니다.

3. 1시간 정도 불린 쌀과 콩나물, ②를 냄비에 3~4번에 나누어 켜켜이 담고 물 300㎖를 넣어 강한 불에 끓입니다.

※ 콩나물밥은 전기밥솥이나 압력밥솥에 하면 맛이 없어요. 쌀은 충분히 불려주세요. 불을 끌 때까지 뚜껑을 덮고 끓여주세요.

4. 6분 후 김이 올라오면 중간 불로 줄여 10분 정도 끓인 후 다시 약한 불로 줄여 20분 정도 끓입니다. 불을 끈 후 5분 정도 뜸을 들인 다음 그릇에 옮겨 담아 달래장을 넣어 비벼 먹습니다.

〈달래장 만들기〉

1. 달래는 깨끗이 씻은 후 잘게 썰고, 대파는 송송 썰어줍니다.

※ 달래 씻을 때 뿌리 밑에 있는 흙을 잘 제거해주세요.

2. 볼에 달래장 재료를 넣고 섞습니다.

떡국

재료

떡국용 떡 500g, 소고기 양지 100g, 대파 1뿌리, 달걀 1개, 다시마 1장, 국간장 1큰술, 다진 마늘 ½큰술, 뜨거운 물 1L

1. 소고기 양지는 먹기 좋은 크기로 썰고 대파는 크게 썰어줍니다.

※ 양지 대신 우둔살을 사용해도 돼요.

2. 달걀은 흰자와 노른자를 분리해 지단을 만든 후 가늘게 채 썰어줍니다.

3. 냄비에 ①을 넣고 뜨거운 물 1L를 부어 강한 불에서 끓입니다.

※ 찬물에 바로 넣어 끓이면 핏물이 나와 떡국이 깔끔하지 않아요.

4. 국물이 끓어오르면 다시마를 넣습니다.

5. 대파가 노래지면 다시마와 대파를 건져냅니다.

6. 떡, 국간장 1큰술, 다진 마늘 ½큰술을 넣고 뚜껑을 열고 한소끔 끓입니다.

※ 간을 보고 취향에 따라 천일염을 추가하세요. 떡이 동동 뜨면 그릇에 옮겨 담고 만들어놓은 달걀 지단을 올리세요. 김을 작게 잘라 올려도 좋아요.

오곡밥

맛집 04

재료

은행 60g, 물 500㎖, 소금 5g, 밤 120g, 대추 30g, 찰수수 50g(3시간 불리기), 기장 50g(30분 불리기), 잣 20g, 흑미 15g(잠시 불리기), 검은콩 60g(6시간 불리기), 적팥 150g

(6시간 불리기), 찹쌀 550g(3시간 불리기)

1. 은행은 끓는 물에 살짝 데친 후 껍질을 분리합니다.
※ 은행 껍질을 쉽게 벗기는 팁! 끓는 물에 살짝 데치면 껍질이 자연스럽게 분리됩니다.

2. 밤은 크기에 따라 3~4등분하고 대추는 씨를 제거해 적당한 크기로 자릅니다.

3. 밥솥에 찹쌀, 밤, 은행, 찰수수, 기장, 흑미, 검은콩, 적팥, 대추, 잣을 고루 섞어 담습니다.

4. 물 500㎖에 소금 5g을 섞어 소금물을 만듭니다.
※ 소금은 취향에 따라 가감하세요.

5. ③에 ④를 부어 '백미쾌속' 기능을 선택합니다.

찰밥

맛집 05

재료

찹쌀 600g(3시간 동안 불리기), 팥 삶은 물 650㎖, 밤 200g, 은행 200g, 팥 200g, 대추 100g, 소금 10g, 잣 약간

1. 팥은 불린 후 삶습니다.

※ 팥 삶은 물은 밥 지을 때 써야 하니 버리지 마세요. 팥은 눌러서 살짝 으깨질 정도로만 삶으면 됩니다.

2. 대추는 씨를 제거하고 먹기 좋은 크기로 자르고, 밤은 껍질을 벗겨 반으로 자릅니다. 은행은 끓는 물을 이용해 껍질을 제거해 준비합니다.

3. 볼에 찹쌀, 팥, 대추, 밤, 은행, 잣을 넣고 골고루 섞습니다.

4. 팥 삶은 물 650㎖에 소금 10g을 넣고 섞습니다.

5. 밥솥에 ③과 ④를 넣고 '백미쾌속' 기능을 선택합니다.

6. 밥이 다 되면 바로 꺼내 뒤적입니다.

콩국수

맛집 06

재료

마른 콩 300g, 볶은 땅콩가루 100g, 오이 약간, 토마토 약간, 끓는 물 1L, 소면 500g

1. 마른 콩에서 못난이 콩을 골라낸 뒤 씻어서 준비합니다.

2. 볼에 ①을 넣은 뒤 끓는 물을 넣고 랩을 씌어 전자레인지에 5분간 돌립니다.

3. ②를 30분간 그대로 둡니다.

4. ③이 식으면 믹서에 볶은 땅콩가루를 함께 넣고 곱게 갈아 줍니다.

※ 콩 불린 물을 버리지 말고 함께 갈아야 달고 깊은 맛이 납니다.

5. 먹기 전에 ④의 콩국에 물을 첨가해 국물 농도를 맞춥니다.

6. 삶은 소면을 넣고 오이, 토마토를 올린 뒤 ⑤를 부어 완성합니다.

손칼국수

맛집 07

재료

멸치 국물 1500㎖, 다시마 1장, 대파 2대, 감자 ½개, 호박 ½개, 밀가루 180g, 물 100㎖, 소금 약간, 다진 마늘 약간, 국간장 ½큰술

1. 냄비에 멸치 국물 1500㎖와 다시마 1장, 대파 1대를 반으로 잘라 넣고 강한 불에서 끓입니다.

※ 너무 오래 끓이면 국물이 탁해지니 한소끔만 끓이세요.

2. 한소끔 끓어오르면 국물 재료는 건져내고 잠시 후 불을 끕니다.

3. 미지근한 물 100㎖에 소금을 약간 넣고 풀어줍니다.

4. 볼에 밀가루 180g을 넣고 ③을 조금씩 부어가며 손바닥으로 살살 비벼줍니다.

5. ④가 뭉치기 시작하면 꾹꾹 눌러가면서 치댑니다.

※ 칼국수 반죽은 수제비 반죽보다 단단합니다. 반죽이 질어지면 안 돼요. 물 양을 조금씩 추가하면서 맞추세요.

6. 반죽이 완성되면 비닐봉지에 넣어 1시간 정도 숙성합니다.

7. 바닥에 밀가루를 조금 뿌리고, 숙성된 반죽을 밀대로 얇게 밉니다.

8. 돌돌 말아 채 썰어줍니다.

※ 굵기는 취향에 따라 조절하세요.

9. 감자와 호박은 반달썰기 하고 대파 1대는 어슷 썰어줍니다.

10. 냄비에 ②의 국물을 넣고 끓어오르면 ⑨를 넣고 한소끔 끓입니다.

※ 국물이 적으면 물을 조금 추가해 끓이세요.

11. 한번 더 끓어오르면 칼국수 면의 밀가루를 털어낸 후 넣어 한소끔 끓입니다.

※ 젓지 않아도 면이 붇지 않아요.

12. 다진 마늘 약간, 국간장 ½큰술을 넣고 끓인 후 마무리합니다.

※ 국간장은 취향에 따라 가감하세요.

PART 02

맛
반찬

전기밥솥 계란찜

맛집 08

재료

계란 3개, 계란찜에 넣는 물 200㎖(종이컵 1컵), 내솥에 넣는 물 100㎖(종이컵 ½컵), 소금 약간

1. 계란에 소금을 넣고 물을 넣어 섞습니다.

2. ①을 체에 걸러 알끈을 제거해줍니다.

3. ②를 그릇에 옮깁니다.

※ 열전도율이 높은 그릇을 선택합니다.

4. 접시를 면보로 싸서 계란찜 뚜껑을 만듭니다.

5. 내솥에 물을 붓습니다.

6. ⑤에 ③을 넣어 ④로 덮어줍니다.

7. ⑥을 밥솥에 넣은 후 백미쾌속을 선택합니다.

※ 약 20분 소요

8. 완료되면 꺼내 고명을 얹어 완성합니다.

※ 뜨거우니 꼭 장갑을 끼세요. 고명은 선택 사항입니다.

간장 감자조림

맛집 09

재료

감자 700g(2개), 양파 300g(1개), 새송이버섯 200g, 대파 50g, 다진 마늘15g, 설탕 1큰술, 식용유 2큰술, 진간장 5큰술, 물엿 2큰술, 후춧가루 약간, 통깨 약간

1. 감자는 껍질을 깎고 주사위 크기로 깍둑썰기 합니다.

2. 양파는 감자 크기와 비슷하게 깍둑썰기 합니다.

3. 새송이버섯도 감자 크기와 비슷하게 깍둑썰기 합니다.

4. 대파는 어슷썰기 합니다.

5. 끓는 물에 감자의 겉면만 살짝 익게 데칩니다.

6. ⑤와 ③을 웍에 옮겨 담은 후 설탕, 식용유, 진간장, 후춧가루, 다진 마늘을 넣어 버무린 다음 뚜껑을 덮고 3분 정도 익힙니다.

※ 식성에 맞게 간을 맞춰주세요.

7. ⑥에 양파를 넣어 볶습니다. 익힌 감자의 맛을 보고 식성에 맞게 마지막 간을 합니다.

※ 이때 감자가 익어야 합니다. 안 익었으면 양파를 넣기 전에 뚜껑을 덮고 한 번 더 김을 올려 익힙니다.

8. ⑦에 물엿을 넣은 뒤 뚜껑을 열고 국물을 끝까지 졸입니다.

9. 불을 끈 뒤 ⑧에 대파와 통깨를 넣어 완성합니다.

묵은지 멸치볶음

맛집 10

재료

묵은지 1kg, 국물용 멸치 60g, 식용유 5큰술, 대파 50g(약간),

다진 마늘 ½큰술, 통깨 약간, 들기름 1큰술

1. 국물용 멸치를 손질합니다.

※ 멸치 대가리에서 구수한 맛이 우러나오니 버리지 말고 사용하세요. 멸치 내장을 넣으면 쓴맛이 납니다.

2. 묵은지를 세로로 썬 뒤 양념을 털어냅니다.

3. 웍에 식용유, 총총 썬 대파를 넣은 뒤 불을 켜서 파기름을 냅니다.

4. ③에 ①의 손질한 멸치를 넣어 살짝 볶습니다.

5. ④에 ②를 넣어 국물이 졸아들 때까지 바짝 볶습니다.

6. 불을 끄고 다진 마늘, 통깨, 들기름을 넣어 완성합니다.

우엉 연근조림

맛집 11

재료

연근 350g, 우엉 250g, 식용유 3큰술, 진간장 5큰술, 설탕 5큰술, 통깨 약간

1. 연근은 껍질을 벗기고 통썰기 한 후 찬물에 담급니다.

※ 찬물에 담그는 이유는 갈변을 막기 위해서입니다.

2. 우엉은 껍질을 벗기고 어슷썰기 한 후 찬물에 담급니다.

3. 끓는 물에 ①과 ②를 살짝 데치고 체망에 각각 넣어 물기를 뺍니다.

※ 채소를 끓는 물에 데칠 때는 작은 기포가 살짝 올라올 때까지만 데칩니다.

4. 웍에 식용유, 진간장, 설탕을 넣어 양념을 만듭니다. 이때 설탕이 완전히 녹을 때까지 저어줍니다.

5. ④를 조리면서 큰 기포가 올라올 때 연근을 먼저 넣습니다.

※ 이때 갑자기 물이 많아지는 것 같아도 놀라지 마세요. 연근에 있는 수분이 나오는 현상입니다.

6. ⑤의 기포가 작아지고 연근에 색이 배어들면 우엉을 넣어 같이 조립니다.

7. 양념물이 다 사라질 때까지 끝까지 센 불로 조립니다.

8. 뜨거울 때 약간의 통깨를 넣습니다.

※ 뜨거울 때 넣어야 통깨가 조림에 착 붙습니다.

고추장 멸치볶음

맛집 12

재료

국물용 멸치 100g, 식용유 2큰술, 진간장 1큰술, 다진 마늘 1큰술, 생강청 ½큰술, 고추장 3큰술, 물엿 1큰술, 설탕 1큰술, 통깨 약간

1. 국물용 멸치는 내장과 가시를 빼고 반으로 갈라 손질합니다.

2. ①을 프라이팬에서 덖은 후 쟁반에 옮겨 담아 열기를 식힙니다. 멸치의 비린내를 잡고 수분을 날리는 과정입니다.

※ 멸치 냄새가 올라오고 프라이팬에서 탁탁탁 소리가 나면 다 덖어진 것입니다.

3. 통깨를 뺀 분량의 양념 재료를 넣고 설탕이 녹을 때까지 잘 섞어줍니다.

4. ③을 저으면서 조립니다.

※ 기포가 작아지고 양념 색이 가무스름해질 때까지 조립니다.

5. 불을 끄고 ④에 ②를 넣어 무쳐줍니다.

6. ⑤에 통깨를 넣어 완성합니다.

단무지 무침

맛집 13

재료

통단무지 500g, 소금 ½큰술, 대파 40g, 고추 40g, 마늘 40g, 참기름 1큰술, 고춧가루 ½큰술, 통깨 약간

1. 통단무지는 굵직굵직하게 채 썹니다.

2. ①을 소금에 절입니다.

※ 5분 소요

3. 대파는 총총 썰기 합니다.

4. 고추는 반으로 갈라 씨를 제거한 후 다집니다.

5. 마늘은 다집니다.

※ 식감이 느껴지도록 굵게 다져야 맛이 좋습니다.

6. 절인 ②를 면보에 넣어 물기를 짜냅니다.

※ 너무 꽉 짜면 단무지의 연한 맛이 없어지므로 살짝만 짜냅니다.

7. ⑥에 참기름, ③, ④, ⑤, 통깨, 고춧가루를 넣어 버무려 완성합니다.

콩자반

맛집 14

재료

콩 250g ※ 불리기 전 무게(8시간 불림, 하절기에는 4시간 불림), 식용유 2큰술, 설탕 2큰술, 진간장 2큰술, 물 2큰술, 물엿 40g, 통깨 약간

1. 콩을 불리기 전에 못난이 콩을 골라낸 뒤 찬물에 8시간 정도 불려 준비합니다. 하절기에는 더 빨리 불려지니 참고하세요.

2. ①을 체에 밭쳐 물기를 뺀 후 달군 웍에 넣습니다.

3. ②에 식용유, 물, 설탕, 진간장을 넣고 설탕이 녹을 때까지 잘 섞어줍니다.

※ 물을 많이 넣지 않는 이유는 불린 콩에 열을 가하면 물이 생기기 때문입니다. 입맛에 맞게 양념을 가감하세요.

4. 계속 저으면서 물기가 없어질 때까지 조립니다.

※ 탈 것 같아도 놀라지 마세요. 콩은 익고 양념은 바짝 조려야 합니다. 물이 거의 졸아들었을때 콩이 덜 익었으면 물을 아주 조금 넣어 한번 더 익혀줍니다.

5. 물엿을 넣어 살짝 볶습니다. 물엿을 넣고 오래 볶으면 식었을 때 콩이 단단해집니다.

6. ⑤의 불을 끄고 바로 통깨를 넣어 완성합니다.

쥐포채 무침

맛집 15

재료

쥐포채 200g, 진간장 60㎖, 소주 20㎖, 식용유 20㎖, 다진 마늘 30g, 고춧가루 ½큰술, 물엿 1큰술, 통깨 1큰술, 생강청 20g

1. 쥐포채는 먹기 좋은 적당한 크기로 자릅니다.

2. 프라이팬에 진간장, 식용유, 다진 마늘, 생강청, 소주를 넣고 기포가 작아지고 양념 색이 진갈색으로 변할 때까지 끓이며 조립니다.

※ 소주가 없다면 물로 대체해도 됩니다. 양념 전에 쥐포채의 맛을 확인해보고 짜면 진간장을 덜 넣고 싱거우면 간장을 좀 더 넣어주세요. 싱거울 때는 설탕도 조금 넣으면 좋습니다.

3. ②에 고춧가루, 물엿을 넣어 조립니다.

4. 불을 끄고 ①과 통깨를 넣은 후 양념을 잘 무쳐 완성합니다.

※ 물엿을 넣고 불을 켜서 쥐포를 볶으면 절대 안 돼요! 그러면 식은 뒤 단단해지고 뭉칩니다.

콩나물볶음

맛집 16

재료

콩나물 300g, 당근 약간, 대파 30g, 소금 약간, 다진 마늘 ½큰술, 들기름 2큰술, 통깨 약간

1. 프라이팬에 콩나물, 소금, 들기름, 다진 마늘을 넣어 콩나물의 숨이 죽게끔 버무립니다.

※ 숨이 죽지 않은 채로 콩나물을 볶으면 다 부러집니다.

2. 대파는 총총 썰기 합니다.

3. 당근은 채 썰기 합니다.

4. ①의 콩나물을 볶다가 익으면 당근을 넣어 볶습니다.

※ 볶다 보면 콩나물의 비린내가 올라오는데 걱정하지 마세요. 콩나물이 익는 냄새입니다.

5. 대파와 통깨를 넣어 완성합니다.

※ 센 불로 재빨리 볶습니다. 약한 불로 천천히 볶으면 콩나물에서 물이 나와요.

호박조림

맛집 17

재료

조선호박 1kg, 대파 30g, 새우젓 30g, 다진 마늘 30g,

고춧가루 1큰술, 식용유 1큰술, 들기름 2큰술, 통깨 약간

1. 조선호박은 4등분해 속을 제거하고 3cm 정도의 길이로 깍둑썰기 합니다.

2. 웍에 ①과 총총 썬 대파, 새우젓, 다진 마늘, 고춧가루, 식용유, 들기름을 차례로 넣고 잘 무칩니다.

※ 새우젓을 먼저 넣는 이유는 호박에 있는 물을 살짝 빼주면서 절이기 위함입니다. 이 과정이 선행되어야 물을 넣지 않아도 타지 않습니다.

3. ②에 뚜경을 덮어 불에 올립니다.

4. 1분 뒤 자작자작 소리가 나면 불을 줄입니다. 호박이 은근히 익을 수 있게 제일 약한 불로 익힙니다.

5. 5분 뒤 뚜껑을 열고 뒤적인 다음 원하는 정도에 따라 뚜껑을 덮고 한번 더 익힙니다.

6. 통깨를 넣어 완성합니다.

시래기 나물볶음

맛집 18

재료

시래기나물 400g, 대파 15g, 다진 마늘 15g, 식용유 2큰술, 된장 1큰술, 물 3큰술, 들기름 2큰술, 통깨 약간, 들깻가루 2큰술

1. 시래기는 5~6cm 길이로 썰어 준비합니다.

2. 대파는 어슷썰기 합니다.

3. 웍에 ①과 ②, 다진 마늘을 넣고 식용유, 된장, 물을 넣어 조물조물 주물러줍니다.

※ 이때 시래기나물의 간을 확인합니다.

4. 뚜껑을 덮고 불을 올립니다.

5. 김이 오르면 뚜껑을 열고 들기름을 넣어 볶습니다.

※ 시래기나물을 먹어봤을 때 질기면 물을 조금 넣고 뚜껑을 덮어 푹 익힙니다.

6. 통깨와 들깻가루를 넣어 완성합니다.

어묵 관장볶음

맛집 19

재료

어묵 250g, 대파 20g, 양파 100g, 고추 20g, 식용유 3큰술, 진간장 3큰술, 설탕 1큰술, 다진 마늘 1큰술, 고춧가루 ½큰술, 통깨 약간, 참기름 1큰술

1. 냄비에 어묵 데칠 물을 끓입니다.

2. 어묵은 먹기 좋은 크기로 썰어줍니다.

3. 끓는 물에 어묵을 넣어 살짝 데친 후 체망에 밭쳐 물기를 완전히 뺍니다.

※ 이 과정을 거쳐야 냉장 보관해도 식감이 부드럽습니다.

4. 물기가 빠지는 동안 양파는 채 썰기 하고 대파는 총총 썰기, 고추는 어슷썰기 합니다.

5. 프라이팬에 불을 올리고 식용유, 진간장, 설탕, 다진 마늘, 데친 어묵을 넣어 재빨리 볶습니다.

6. 마늘 향이 올라오면 ④와 고춧가루를 넣고 한 번 더 살짝 볶습니다.

※ 이때 어묵의 맛을 보고 입맛에 맞게 간을 더합니다.

7. 불을 끄고 통깨와 참기름을 넣어 완성합니다.

멸치무조림

맛집 20

재료

멸치 30g, 무 500g, 다진 마늘 1큰술, 대파 20g, 진간장 50㎖, 물 50㎖, 고춧가루 20g

1. 무는 1cm 두께로 나박 썰기 하고 대파는 어슷썰기 합니다.

2. 웍에 ①, 멸치를 넣습니다.

※ 꼭 두꺼운 웍을 사용해야 합니다. 얇은 웍을 사용하면 무가 익기 전에 양념이 졸아서 탈 수 있습니다.

3. 물, 진간장, 다진 마늘, 고춧가루를 잘 섞어 양념을 만듭니다.

4. ②에 ③을 골고루 끼얹은 뒤 뚜껑을 덮고 불에 올립니다.

5. 뚜껑을 열어 무에서 물이 살짝 나오면 약불로 줄여 뚜껑을 닫고 무를 완전히 익힙니다.

※ 무조림 국물이 좋다면 물을 조금 더 첨가하세요. 이때 뒤적이지 말고 그대로 조려야 합니다.

6. 불을 끄고 뚜껑을 덮은 뒤 나머지 열로 무를 뭉근하게 익히면 완성.

숙주나물무침

재료

숙주나물 300g, 소금 ½큰술(숙주나물 데칠 때), 대파 10g, 당근 10g, 다진 마늘 10g, 통깨 약간, 참기름 1큰술, 소금 약간(숙주나물 간할 때)

1. 냄비에 숙주나물을 데칠 물을 끓입니다.

2. 물이 끓는 동안 대파는 다지고 당근은 채 썰기 합니다.

3. ①이 끓으면 소금을 넣고 숙주를 2분 정도 데칩니다.

※ 숙주를 데칠 때 씻지 않고 그대로 데칩니다. 그래야 껍질이 잘 분리됩니다.

4. 데친 숙주는 바로 찬물에 헹구고 체망에 밭쳐 물기를 뺍니다.

※ 절대 손으로 숙주를 짜지 마세요!

5. 볼에 숙주를 담고 ②와 다진 마늘, 통깨, 참기름, 소금을 넣고 탈탈 털면서 무치면 완성.

표고버섯무침

맛집 22

재료

표고버섯 400g, 다진 대파 1큰술, 당근 50g, 다진 마늘 약간, 통깨 약간, 참기름 1큰술, 소금 약간

1. 표고버섯은 꼭지를 자르고 최대한 얇게 썰어줍니다.

※ 꼭지는 버리지 말고 된장찌개나 육수 만들 때 사용하세요.

2. 당근은 채 썰기 합니다.

3. 웍을 예열한 후 표고버섯을 넣어 물기가 살짝 나올 때까지 덖습니다.

4. ③을 볼에 넣어 잠시 한 김 뺍니다.

5. 당근도 웍에 넣어 살짝 덖은 후 볼에 넣습니다.

6. 표고버섯과 당근에 참기름, 다진 대파, 다진 마늘, 통깨, 소금을 넣어 살살 무쳐서 완성합니다.

감자채볶음

재료

감자 500g, 소금 5g, 식용유 2큰술, 들기름 2큰술

1. 감자는 껍질을 벗겨 손질합니다.

2. 감자를 얇게 채 썬 뒤 소금에 5분간 절입니다.

3. ②를 물로 씻은 뒤 체망에 받쳐 물기를 뺍니다.

4. 감자를 프라이팬에 넣고 식용유를 넣어 볶습니다.

5. 들기름을 넣어 완성합니다.

부추 오이무침

맛집 24

재료

오이 2kg, 부추 200g, 소금 40g, 다진 마늘 50g, 멸치액젓 30㎖, 새우젓 50g, 생강청 30g, 고춧가루 50g

1. 오이는 가시를 칼로 긁어내고 물에 씻어 손질합니다.

2. 손질한 오이를 4cm 정도 길이로 썰어 4등분한 뒤 볼에 넣어 소금으로 약 10분간 절입니다.

3. 부추는 4cm 길이로 썹니다.

4. 오이는 물에 씻은 뒤 체망에 밭쳐 물기를 뺍니다.

5. 볼에 ③, ④, 다진 마늘, 멸치액젓, 새우젓, 생강청, 고춧가루를 넣어 잘 버무려 완성합니다.

장조림

맛집 25

재료

소고기 홍두깨살 600g, 진간장 500㎖, 국간장 30㎖, 물 500㎖, 설탕 80g, 후춧가루 약간, 대파 100g, 다시마 1장, 마늘 70g, 홍고추 3개, 청고추 3개, 표고버섯 3개

1. 홍두깨살은 찬물에 넣어 핏물을 뺍니다.

※ 약 20분 소요. 핏물이 나오면 물을 갈아줍니다.

2. 두꺼운 웍이나 냄비에 진간장과 물, 대파, 다시마, 표고버섯, 후춧가루, 국간장을 넣고 뚜껑을 덮어 끓입니다.

3. ②가 끓어오르면 설탕(50g)을 넣고 홍두깨살을 넣어 뚜껑을 덮어 끓입니다.

※ 약 15분 소요

4. ③이 끓어오르면 고기가 익었는지 확인합니다. 고기를 젓가락으로 찔러 핏물이 나오면 고기가 덜 익은 겁니다.

※ 익히는 시간이 중요한 것이 아니고 고기가 익는 것이 가장 중요합니다.

5. 고기가 익었으면 육수 재료를 건져내고 홍고추, 청고추, 마늘, 설탕(30g)을 넣고 불을 끈 뒤 뚜껑을 덮고 뜸을 들입니다.

※ 약 20분 소요

6. 5분 정도 식힌 후 ⑤에서 고기를 꺼내 결대로 찢습니다. 고기를 너무 오래 삶으면 단단해져 결대로 찢기 힘들고 식감이 딱딱해집니다.

7. ⑤에 ⑥의 찢은 고기를 넣어 완성합니다.

콩나물 장조림

맛집 26

재료

콩나물 600g, 중멸치 30g, 대파 60g, 다진 마늘 20g, 식용유 3큰술, 진간장 3큰술, 설탕 1큰술, 고춧가루 1큰술, 통깨 1큰술, 참기름 1큰술

1. 콩나물은 씻어 물기를 뺍니다.

2. 대파는 총총 썹니다.

3. 웍에 중멸치, 콩나물, 대파, 다진 마늘, 식용유, 진간장, 설탕을 넣고 조립니다.

4. 어느 정도 조린 후 고춧가루를 넣어 한 번 더 조립니다.

※ 물기가 없을 때 고춧가루를 넣으면 탈 수 있습니다.

5. 물기가 다 졸아들면 통깨와 참기름을 넣어 완성합니다.

새우젓 호박볶음

맛집 27

재료

조선호박 1kg, 다진 마늘 약간, 대파 10g, 홍고추 1개,

통깨 약간, 들기름 1큰술, 소금 약간, 새우젓 ½큰술

1. 조선호박은 채칼로 썰어 바로 웍에 넣습니다.

2. 대파는 총총 썰기, 홍고추는 채 썰기 해서 ①에 넣습니다.

3. ②에 다진 마늘, 새우젓, 들기름을 넣고 잘 볶습니다.

4. 소금으로 간하고 통깨를 넣어 마무리합니다.

※ **완성되면 얼른 팬에서 꺼내 그릇에 담습니다.**

오징어실채 볶음

맛집 28

재료

오징어실채 200g, 식용유 3큰술, 다진 마늘 1큰술, 진간장 2큰술, 배즙 100㎖, 물엿 40g, 설탕 1큰술, 고추장 ½큰술, 고춧가루 1큰술, 통깨 약간, 참기름 약간

1. 오징어실채는 먹기 좋은 크기로 자르고 손으로 풀어줍니다.

2. 프라이팬을 예열한 뒤 ①을 넣고 가실가실해질 때까지 덖은 후 그릇으로 옮겨 담아 한 김 뺍니다.

3. 프라이팬에 식용유와 다진 마늘을 넣고 볶아 마늘기름을 만듭니다.

4. ③의 불을 끄고 배즙, 물엿, 설탕, 진간장, 고추장을 넣은 뒤 다시 불에 올립니다.

5. ④의 기포가 작아지면 고춧가루를 넣어 끓인 뒤 불을 끕니다.

6. 살짝 식으면 오징어실채를 넣고 무친 뒤 통깨, 참기름을 넣어 마무리합니다.

가지나물

맛집 29

재료

가지 800g, 대파 50g, 다진 마늘 30g, 고춧가루 1큰술,

통깨 1큰술, 진간장 1큰술, 국간장 ½큰술, 참기름 2큰술

1. 가지는 2등분 합니다.

※ 너무 잘게 잘라 가지를 찌면 식감이 좋지 않아요.

2. 찜통에 넣습니다.

※ 가지 껍질이 팬에 닿게 하여 얼기설기 안칩니다.

3. 가지 냄새가 살짝 올라오면 찜통을 열어 위아래를 바꿔 1~2분 정도 더 찝니다.

4. ③의 가지가 익으면 얼른 채반이나 쟁반에 옮겨 한 김 식힙니다.

5. 대파는 총총 썹니다.

6. 찐 가지는 결대로 쭉쭉 찢습니다.

7. 볼에 가지를 넣고 ⑤의 대파, 다진 마늘, 고춧가루, 통깨, 진간장, 국간장, 참기름을 버무려 완성합니다.

※ 간이 조금 싱거우면 소금으로 간을 맞춥니다.

콩나물무침

맛집 30

재료

콩나물 380g, 소금 약간, 대파 30g, 다진 마늘 1큰술, 진간장 1큰술, 국간장 ½큰술, 고춧가루 1큰술, 통깨 약간, 참기름 1큰술

1. 웍에 물과 씻은 콩나물을 넣고 소금을 넣어 뚜껑을 덮은 뒤 삶습니다.

※ 완전히 익을 때까지 뚜껑을 열면 안됩니다.

2. 콩나물 냄새가 올라오면 불을 끄고 체망에 담아 한 김 식힙니다.

3. 대파는 총총 썹니다.

4. 볼에 콩나물과 대파, 진간장, 국간장, 고춧가루, 다진 마늘, 참기름, 통깨를 넣고 무쳐서 완성합니다.

※ 싱거울 경우 소금으로 간을 맞춥니다.

꽈리고추 멸치조림

맛집 31

재료

꽈리고추 400g, 중멸치 50g, 대파 50g, 다진 마늘 1큰술, 진간장 4큰술, 물 3큰술, 설탕 ½큰술, 통깨 1큰술, 참기름 2큰술, 고춧가루·국간장·식용유 1큰술

1. 꽈리고추는 꼭지를 따줍니다.

2. 대파는 총총 썰기 합니다.

3. 볼에 중멸치를 넣고 총총 썬 대파와 다진 마늘, 진간장, 물, 설탕, 통깨, 고춧가루, 참기름, 국간장을 넣어 잘 버무립니다.

4. 프라이팬에 ③과 ①을 넣어 조립니다.
※ 양념이 살짝 타는 듯하게 조려야 꽈리고추가 쪼글쪼글해집니다.

5. 꽈리고추가 쪼글쪼글해지면 한 번 더 식용유를 넣고 살짝 볶아 완성합니다.

간장 두부조림

맛집 32

재료

두부 300g, 대파 30g, 식용유 1큰술, 진간장 5큰술, 물 3큰술, 설탕 약간, 다진 마늘 ½큰술, 참기름 2큰술, 고춧가루 2큰술, 통깨 약간

1. 두부를 가로 4cm, 세로 3cm, 두께 1.5cm로 썹니다.

2. 대파는 총총 썹니다.

3. 프라이팬에 식용유를 두른 뒤 두부를 부칩니다.

4. 볼에 진간장, 물, 설탕을 넣어 간장물을 만듭니다.

5. ④에 두부를 담급니다.

6. 대파, 다진 마늘, 참기름, 고춧가루, 통깨, 간장물을 넣어 섞습니다.

※ ⑤의 간장물을 2큰술 넣습니다.

7. 간장물에서 두부를 건져 그릇에 넣고 ⑥을 얹어 완성합니다.

※ 남은 간장물은 생선 조릴 때 사용하세요.

부추 계란말이

맛집 33

재료

계란 5개, 부추 50g, 소금 약간, 식용유 약간

1. 부추는 잘게 총총 썹니다.

2. 계란을 풀고 부추를 넣어 소금으로 간합니다.

3. 프라이팬을 식용유로 코팅합니다.

※ 종이 포일을 깔면 계란을 말 때 더 수월하고 탈 염려가 없으므로 초보자에게 추천합니다.

4. 예열한 프라이팬에 ②를 ⅓ 정도 부어 잘 편 다음 계란물이 거의 익었을 때 말아줍니다.

5. ④를 두 번 더 반복해 완성합니다.

땅콩조림

재료

생땅콩 400g, 진간장 50㎖, 설탕 50g, 식용유 3큰술, 물 50㎖, 통깨 1큰술, 물엿 2큰술

1. 땅콩을 찬물에 30분 정도 담가둡니다.

※ 땅콩을 물에 담그는 이유는 껍질의 아린맛을 빼기 위해서입니다.

2. ①을 체망에 건져 물기를 뺍니다.

3. 웍에 땅콩과 식용유, 진간장, 설탕, 물을 넣고 조립니다.

※ 이때 간을 봅니다. 물을 너무 많이 넣으면 땅콩의 고소한 맛이 덜합니다.

4. 땅콩에 양념물을 끼얹으면서 계속 조립니다.

5. 기포가 완전히 잦아들고 양념물이 졸아들면 물엿, 통깨를 넣어 완성합니다.

바지락젓갈 무침

맛집 35

재료

바지락젓갈 700g, 고춧가루 3큰술, 홍고추 2개, 청고추 2개, 소주 2큰술, 다진 마늘 1큰술, 생강청 약간, 통깨 1큰술, 참기름 2큰술, 대파 30g

1. 바지락젓갈은 찬물에 세 번 정도 씻습니다.

※ 바지락젓갈을 볼에 넣어 씻고 체망으로 건진 후 볼에 다시 찬물을 담아 씻는 것을 세 번 정도 해주세요.

2. ①을 소주로 버무리고 체망에 건져놓습니다.

※ 이때 바지락젓갈의 맛을 봅니다. 조개 껍질이 있는지 잘 확인하세요.

3. 대파는 잘게 다집니다.

4. 홍고추, 청고추도 잘게 다집니다.

5. 볼에 손질한 재료와 생강청, 다진 마늘, 고춧가루, 통깨, 참기름을 넣고 잘 무쳐 완성합니다.

느타리버섯 무침

맛집 36

재료

느타리버섯 500g, 대파 20g, 홍고추 1개, 통깨 약간, 다진 마늘 약간, 참기름 1큰술, 소금 약간

1. 느타리버섯은 밑동을 자르고 찢어 손질합니다.

2. 대파, 홍고추는 총총 썰기 합니다.

3. 프라이팬에 느타리버섯을 넣고 덖습니다.

4. ③을 쟁반에 펼쳐 한 김 뺍니다.

5. 볼에 ④를 넣고 대파와 홍고추, 다진 마늘, 참기름, 통깨, 소금을 넣고 무쳐서 완성합니다.

시금치나물

맛집 37

재료

시금치 400g, 소금 약간, 대파 10g, 다진 마늘 ½작은술,

들기름 1큰술, 국간장 약간, 통깨 약간

1. 시금치는 밑동을 제거하고 다듬습니다.

2. 대파는 채썰기 합니다.

3. 손질한 시금치를 흐르는 물에 두 번 씻습니다.

4. 끓는 물에 시금치와 소금을 넣어 데칩니다.

5. 데친 시금치를 찬물에 헹구어 물기를 꼭 짭니다.

6. 볼에 ⑤와 대파, 다진 마늘, 들기름, 국간장, 통깨를 넣고 조물조물 무쳐서 완성합니다.

잔멸치볶음

맛집 38

재료

잔멸치 100g, 진간장 1큰술, 식용유 2큰술, 홍고추 1개, 청고추 1개, 설탕 1큰술, 마늘 20g, 물엿 2큰술, 통깨 약간

1. 잔멸치를 프라이팬에 덖습니다.

2. ①을 쟁반에 펼쳐 한 김 식힙니다.

3. 고추는 총총 썰기 하고 마늘은 편으로 썰어 준비합니다.

4. 프라이팬에 잔멸치와 고추, 마늘, 식용유를 넣어 볶습니다.

5. 먼저 볶은 ④에 설탕, 진간장, 물엿을 넣어 볶습니다.
※ **너무 오래 볶으면 단단해지니 주의하세요.**

6. ⑤에 통깨를 넣어 완성합니다.

오이 고추장무침

맛집 3g

재료

오이 9개, 설탕 2큰술(수북이), 소금 1큰술(수북이), 대파 70g, 다진 마늘 50g(2큰술), 고운 고춧가루 · 설탕 1큰술, 고추장 3큰술(수북이), 참기름 2큰술, 통깨 약간

1. 오이는 어슷썰기 합니다.

2. 대파는 총총 썰기 합니다.

3. 볼에 오이를 넣고 설탕, 소금을 넣고 잘 무친 뒤 절입니다.
※ 약 30분 소요

4. ③을 찬물에 씻은 뒤 보자기에 싸서 물기를 꼭 짭니다.
※ 절인 오이를 씻을 땐 체망을 이용해 소금물을 빼낸 다음 씻어야 합니다.

5. 볼에 절인 오이와 대파, 고운 고춧가루, 고추장, 다진 마늘을 넣어 무칩니다.
※ 이때 물엿을 넣으면 오이에서 물이 나와 물기가 생기니 넣지 않습니다.

6. ⑤에 참기름, 통깨를 넣어 완성합니다.

양파볶음

재료

양파 800g(2개 정도), 진간장 2큰술, 고추장 ½큰술, 참기름 1큰술, 통깨 약간

1. 양파는 채썰기 합니다.

2. 프라이팬에 양파와 진간장을 넣고 볶습니다.

3. ②가 익으면 고추장을 넣어 볶습니다.

※ **고추장을 넣은 후에는 타기 쉬우니 조심하세요.**

4. ③의 불을 끄고 참기름과 통깨를 넣어 완성합니다.

무나물

맛집 41

재료

무 1kg, 소금 ½큰술, 다진 마늘 약간, 들기름 1큰술, 통깨 약간

1. 무는 채썰기 합니다.

2. 냄비에 무와 다진 마늘, 소금, 들기름을 넣어 조물조물 무친 뒤 5분 정도 숨을 죽입니다.

※ 간을 볼 때 무를 먹지 않고 무에서 나온 국물을 찍어 먹어보고 간을 맞춥니다.

3. 뚜껑을 덮고 불을 올립니다.

4. 한 김 오르면 불을 줄입니다.

5. 무가 반투명하고 노르스름해지면 완성합니다.

※ 먹기 전에 통깨를 뿌려 마무리합니다.

고추장 소시지볶음

맛집 42

재료

소시지 500g, 케첩 2큰술, 고추장 1큰술, 식용유 5큰술,

다진 마늘 1큰술, 설탕 1큰술, 통깨 약간

1. 소시지에 칼집을 넣습니다.

2. 프라이팬에 식용유, 케첩, 고추장, 설탕, 다진 마늘을 넣어 잘 섞은 후 불에 올립니다.

※ 이때 간은 달달하고 매콤하게 합니다.

3. 양념이 가무스름하게 졸면 소시지를 넣어 달달 볶습니다.

4. 양념이 졸아들 때까지 볶은 다음 통깨를 넣어 완성합니다.

새송이 버섯구이

맛집 43

재료

새송이버섯 320g(5~6개), 고추장 2큰술, 다진 마늘 1큰술, 대파 10g, 진간장 ½큰술, 설탕 ½큰술, 통깨 1큰술, 참기름 1큰술

1. 새송이버섯은 편 썰기 합니다.

2. 대파는 총총 썰기 합니다.

3. 프라이팬에 버섯을 굽습니다.

4. 채반에 구운 버섯을 펼쳐 한 김 뺍니다.

5. 볼에 대파와 고추장, 진간장, 다진 마늘, 설탕, 참기름, 통깨를 넣어 양념을 만듭니다.

※ 이때 양념이 묽으면 안 됩니다. 묽을 경우 고운 고춧가루를 조금 넣어 농도를 맞춥니다.

6. 버섯에 양념을 발라 완성합니다.

두부 장아찌

맛집 44

재료

두부 1kg, 식용유 약간, 멸치 30g, 물 500㎖, 대파 40g,

진간장 300㎖, 설탕 1큰술, 다시마 1장

<먹을 때> 통깨 · 참기름 · 다진 대파 · 다진 마늘 약간

1. 두부는 두께 1.5cm로 썰어 줍니다.

2. 프라이팬에 약간의 식용유를 둘러 두부를 노릇노릇하게 굽습니다.

3. 구운 두부를 채반에서 한 김 식힙니다.

4. 웍에 멸치, 물, 다시마, 대파로 국물을 끓입니다.

※ 멸치를 찬물에 넣어 우린 후 3시간 이상 끓이면 멸치 국물이 더 진하게 우러납니다.

5. 한소끔 끓인 후 멸치, 다시마, 대파를 건져내고 진간장, 설탕을 넣어 간장물을 만듭니다.

6. 식힌 두부를 1.5cm 두께로 굵게 자릅니다.

7. 볼에 두부를 넣고 간장물을 부어 완성합니다.

8. ⑦을 먹을 만큼 꺼내 다진 마늘, 다진 대파, 통깨, 참기름을 약간 넣어 무쳐서 먹습니다.

김무침

재료

조선김 20장, 참기름 3큰술, 진간장 3큰술, 국간장 ½큰술, 대파 10g, 다진 마늘 ½큰술, 통깨 약간

1. 조선김을 석쇠나 프라이팬에 올려 살짝 굽습니다.

2. 대파는 총총 썰기 합니다.

3. 구운 김은 위생봉투에 넣어 잘게 부숩니다.

4. 볼에 ③을 넣고 참기름을 부어 살살 무쳐줍니다.
※ 김이 불어나지 않게 참기름 코팅을 하는 과정입니다.

5. ④에 대파와 진간장, 국간장, 다진 마늘을 넣어 잘 무칩니다.

6. 통깨를 넣어 완성합니다.

고추장 감자조림

맛집 46

재료

감자 700g, 물 200㎖, 다진 마늘 20g, 진간장 3큰술, 고추장 40g, 들기름 3큰술, 설탕 1큰술, 물엿 20g, 대파 100g, 통깨 약간

1. 감자칼을 이용해 감자 껍질을 벗긴 후 깍둑썰기 합니다.

2. 대파는 어슷썰기 합니다.

3. 웍에 물을 끓인 후 감자를 살짝 데쳐낸 다음 물을 뺍니다.

4. ③에 물, 다진 마늘, 진간장, 고추장, 들기름, 설탕, 물엿을 넣어 조립니다.

※ 조린 후 간을 맞춥니다. 미리 간을 맞추면 완성된 후 짜질 수 있습니다.

5. 감자가 익을 때까지 국물을 감자에 끼얹으면서 조립니다.

※ 국물이 다 졸아든 후 감자가 설익었다면 물을 약간 붓고 한소끔 더 끓입니다.

6. 익은 감자에 대파와 통깨를 넣어 완성합니다.

진미채볶음

맛집 47

재료

진미채 250g, 진간장 1큰술, 고운 고춧가루 ½큰술, 다진 마늘 1큰술, 고추장 2큰술, 식용유 4큰술, 물엿 3큰술, 설탕 1큰술, 통깨 약간

1. 가위로 진미채를 먹기 좋은 크기로 자릅니다.

2. 진미채를 찬물에 씻어 물기를 꼭 짭니다.

※ 물에 담가두고 오래 놔두면 안 됩니다.

3. 웍에 식용유, 고추장, 진간장, 다진 마늘, 물엿, 설탕을 잘 섞은 후 조립니다.

4. ③이 거무스름해질 때까지 조린 다음 불을 끄고 진미채를 넣어 무칩니다.

5. 고운 고춧가루와 통깨를 넣어 완성합니다.

오이볶음

맛집 48

재료

오이 3개, 소금 ½큰술, 식용유 1큰술, 다진 마늘 1큰술, 대파 10g, 참기름 1큰술, 통깨 약간

1. 오이는 동그랗게 편 썰기 합니다.

2. 대파는 총총 썰기 합니다.

3. 볼에 오이를 넣어 소금으로 절입니다.
※ 약 5분 소요

4. ③의 물기를 꼭 짜서 준비합니다.

5. 프라이팬에 식용유, 다진 마늘을 볶다가 오이를 넣습니다.

6. 대파와 참기름, 통깨를 넣어 재빨리 볶은 후 완성합니다.
※ 완성된 오이볶음을 쟁반에 펼쳐 한 김 뺍니다.

쑥갓무침

맛집 49

재료

쑥갓 300g, 홍고추 1개, 대파 약간, 다진 마늘 약간, 소금 약간, 참기름 1큰술, 통깨 약간

1. 쑥갓은 먹기 좋은 크기로 손질합니다.

2. 끓는 물에 소금을 넣고 쑥갓을 재빠르게 데칩니다.
※ 넣었다 바로 건집니다.

3. 데친 쑥갓을 찬물에 씻은 후 물기를 꼭 짜서 준비합니다.

4. 홍고추, 대파는 다집니다.

5. 볼에 ③과 ④, 다진 마늘, 소금, 참기름, 통깨를 넣어 털 듯이 무쳐 완성합니다.

고추다대기

재료

오이고추 200g, 청양고추 200g, 국물용 멸치 100g, 식용유 2큰술, 다진 마늘 1큰술, 된장 1큰술, 국간장 1큰술, 참기름 2큰술, 통깨 1큰술

1. 오이고추, 청양고추는 다집니다.

2. 국물용 멸치는 가시와 내장을 제거해 손질합니다.

3. 웍에 ②를 덖은 후 잘게 다집니다.

4. 웍에 고추, 국물용 멸치, 식용유를 넣어 볶습니다.

5. 고추가 익고 멸치 냄새가 올라오면 된장, 다진 마늘을 넣어 함께 볶습니다.

6. 마지막으로 국간장, 참기름, 통깨를 넣어 완성합니다.

오징어조림

맛집 51

재료

생물 오징어 700g, 식용유 2큰술, 진간장 3큰술, 다진 마늘 1큰술, 생강청 ½큰술, 설탕 1큰술, 물엿 2큰술, 고운 고춧가루 ½큰술, 참기름 1큰술, 고추 1개, 통깨 약간

1. 생물 오징어는 넓이 1.5cm로 자릅니다.

2. 고추는 총총 썰기 합니다.

3. 끓는 물에 오징어를 빠르게 데친 후 체망에 밭쳐 물기를 뺍니다.

4. 얇은 웍에 오징어와 식용유, 진간장, 다진 마늘, 생강청, 설탕, 물엿을 넣어 조립니다.

5. 물기가 어느 정도 졸아들면 고운 고춧가루, 참기름을 넣고 완전히 조립니다.

6. 마지막으로 고추와 통깨를 넣어 완성합니다.

황태채무침

맛집 52

재료

황태채 100g, 대파 10g, 다진 마늘 20g, 고추장 2큰술, 고운 고춧가루 ½큰술, 물엿 2큰술, 설탕 1큰술, 참기름 2큰술, 통깨 약간

1. 찬물에 황태채를 잠시 불린 후 물기를 꼭 짜서 손질합니다.

2. 대파는 다져서 준비합니다.

3. 볼에 황태채를 넣고 대파와 다진 마늘, 고추장, 고운 고춧가루, 물엿, 설탕, 참기름, 통깨를 넣고 무쳐서 완성합니다.

고구마 줄기조림

맛집 53

재료

고구마 줄기 600g, 잔멸치 30g, 다진 마늘 1큰술, 고춧가루 1큰술, 들기름 1큰술, 대파 30g, 고추 30g, 진간장 2큰술, 국간장 ½큰술, 식용유 2큰술, 통깨 약간

1. 껍질을 까서 한번 데친 고구마 줄기는 씻어서 물기를 빼고 먹기 좋은 크기로 자릅니다.

2. 대파, 고추는 총총 썰기 합니다.

3. 얇은 웍에 ①을 넣어 덖어서 물기를 날립니다.

4. 고구마 줄기의 물이 거의 졸아들면 잔멸치, 진간장, 국간장, 식용유, 다진 마늘을 넣어 볶습니다.

※ 고구마 줄기가 물러질 때까지 볶아줍니다.

5. 양념이 다 졸아들면 ②와 고춧가루, 통깨를 넣고 계속 볶습니다.

6. 불을 끄고 들기름을 넣어 완성합니다.

※ 완성된 고구마줄기조림은 큰 그릇으로 옮겨 한 김 식혀야 물기가 생기지 않습니다.

도라지무침

맛집 54

재료

손질한 도라지 400g, 대파 10g, 소금 약간, 참기름 1큰술, 다진 마늘 ½큰술, 통깨 1큰술

1. 손질한 도라지는 먹기 좋은 크기로 자릅니다.

2. 볼에 도라지와 소금을 넣은 뒤 살살 주물러 잠시 절입니다.

※ 약 5분 소요

3. ②를 흐르는 물에 씻은 후 체망에 밭쳐 물기를 뺍니다.

4. 대파는 총총 썰기 합니다.

5. 김이 오른 찜기에 ③을 살짝 찝니다.

6. 도라지 향이 올라오면 불을 끄고 뚜껑을 열어 도라지를 먹어보고 식감을 확인합니다.

※ 좀 더 부드러운 식감을 원하면 뚜껑을 덮고 1분 정도 뜸을 들입니다.

7. 볼에 ⑥을 넣고 대파, 참기름, 다진 마늘, 통깨를 넣어 무쳐 완성합니다.

※ 도라지가 따뜻할 때 무쳐야 합니다.

깻잎볶음

맛집 55

재료

깻잎 250g, 국물용 멸치 50g, 청양고추 3개, 대파 50g, 진간장 3큰술, 국간장 1큰술, 다진 마늘 20g, 식용유 1큰술, 들기름 2큰술, 고춧가루 1큰술, 통깨 약간

1. 국물용 멸치는 내장과 가시를 제거해 손질합니다.

2. 깻잎은 찢어서 손질합니다.

3. 얇은 웍에 ①과 ②를 넣고 진간장, 국간장으로 살짝 숨을 죽여줍니다.

※ **불은 아직 켜지 마세요.**

4. 대파, 고추는 총총 썰기 합니다.

5. ③에 식용유를 두른 후 ④를 넣어 볶습니다.

6. 깻잎의 숨이 죽으면 들기름과 고춧가루, 통깨를 넣어 완성합니다.

※ **완성된 깻잎볶음을 넓은 그릇으로 옮겨 담아 한 김 뺍니다.**

소고기 가지볶음

맛집 56

재료

가지 600g, 소고기 우둔살 100g, 대파 10g, 소금 약간, 물 약간, 설탕 1큰술, 다진 마늘 1큰술, 진간장 2큰술, 후춧가루 약간, 참기름 1큰술, 통깨 약간

1. 가지는 5cm 길이로 썬 후 4등분 합니다.

2. ①에 소금과 물을 넣어 살짝 절입니다.

3. 대파는 총총 썰기 합니다.

4. 우둔살은 가지와 비슷한 길이로 채 썰어줍니다.

5. ④의 우둔살에 설탕, 다진 마늘, 진간장, 후춧가루, 참기름을 넣어 양념합니다.

6. ②의 물기를 짜서 준비합니다.

7. 프라이팬에 ⑤를 먼저 볶은 뒤 살짝 익으면 ⑥을 넣어 볶습니다.

8. 대파와 통깨를 넣어 완성합니다.

표고버섯조림

맛집 57

재료

반건조 표고버섯 200g, 찹쌀가루 3큰술, 다진 마늘 1큰술, 대파 · 양파 10g, 청양고추 10g, 식용유 적당량, 진간장 60㎖, 물엿 60g, 통깨 약간, 설탕 · 식용유 2큰술

1. 물에 씻은 반건조 표고버섯은 가위로 밑동을 자르고 4등분합니다.

2. 대파, 양파, 청양고추는 다집니다.

3. ①에 찹쌀가루를 묻힙니다.

4. 두꺼운 프라이팬에 식용유(적당량)를 두르고 ③을 굽습니다.

5. 표고버섯 향이 올라오면 건져서 채반에 펼쳐 식힙니다.

6. 두꺼운 프라이팬에 식용유(2큰술), 다진 마늘을 넣어 마늘기름을 낸 후 진간장, 물엿, 설탕을 넣어 조립니다.

7. 기포가 작아지고 색이 짙어지면 ⑤의 표고버섯을 넣어 볶습니다.

8. 다 익으면 불을 끄고 ②와 통깨를 넣어 살짝 볶은 후 완성합니다.

더덕구이

맛집 58

재료

더덕 250g, 대파 10g, 진간장 1큰술, 고추장 2큰술, 고춧가루 1큰술, 다진 마늘 ½큰술, 참기름 1큰술, 설탕 1큰술, 물엿 1큰술, 통깨 약간

1. 감자칼을 이용해 더덕 껍질을 제거하고 길이 7cm, 두께 0.5cm로 편 썰기 합니다.

2. ①을 방망이로 살살 두들겨 폅니다.

3. 대파는 다져서 준비합니다.

4. 볼에 진간장, 참기름을 섞어 기름장을 만들어 더덕에 바릅니다.

5. 예열한 프라이팬에 ④를 올려 수분이 날아갈 정도로 살짝 구운 다음 접시에 펼쳐 한 김 뺍니다.

※ 이때 탄다고 식용유를 넣으면 절대 안 됩니다.

6. 볼에 다진 대파를 넣고 진간장, 고추장, 고춧가루, 다진 마늘, 참기름, 설탕, 물엿을 섞어 양념장을 만듭니다.

7. 더덕에 ⑥을 바르고 프라이팬에 한 번 더 살짝 구워 통깨를 뿌려 완성합니다.

※ 더덕이 익으면 살짝 반투명해집니다.

소고기 꽈리고추볶음

재료

꽈리고추 200g, 소고기우둔살 100g, 대파 10g, 설탕 1큰술, 다진 마늘 1큰술, 진간장 2큰술, 후춧가루 약간, 참기름 1큰술, 통깨 약간

1. 꽈리고추는 반으로 썰어 준비합니다.

2. 대파는 총총 썰기 합니다.

3. 우둔살은 굵게 썰어 준비합니다.

4. 볼에 우둔살을 넣고 대파와 설탕, 다진 마늘, 진간장, 후춧가루, 참기름을 넣어 양념을 합니다.

5. 웍에 ④를 넣고 볶습니다.

6. 살짝 익으면 꽈리고추를 넣어 양념이 다 졸아들 때까지 볶습니다.

7. 통깨를 넣어 완성합니다.

묵은지찜

맛집 60

재료

국물용 멸치 60g, 묵은지 ½포기, 들기름 2큰술, 된장 1큰술, 다진 마늘 1큰술, 대파 10g, 식용유 1큰술, 물 200㎖

1. 멸치는 내장과 가시를 제거해 손질합니다.

2. 대파는 총총 썰기 합니다.

3. 멸치에 들기름을 넣어 무칩니다.
※ **들기름을 넣는 이유는 멸치의 비린맛을 잡기 위함입니다.**

4. 묵은지는 물에 씻어 물기를 꼭 짜서 준비합니다.
※ **묵은지가 짤 경우 물에 잠시 담갔다 사용합니다.**

5. ④에 대파와 멸치, 다진 마늘, 된장, 식용유를 넣어 잘 주물러줍니다.

6. 두꺼운 웍에 ⑤와 물을 넣어 끓입니다.

7. 끓기 시작하면 약불로 10분 정도 더 끓여 완성합니다.

팽이버섯무침

맛집 61

재료

팽이버섯 500g, 대파 10g, 청양고추 2개, 다진 마늘 1큰술, 통깨 약간, 참기름 1큰술, 소금 약간

1. 팽이버섯은 밑동을 자르고 결대로 찢어놓습니다.

2. 대파, 청양고추는 곱게 다집니다.

3. 얇은 웍에 팽이버섯을 넣고 덖어줍니다.

4. 물이 나오기 시작하면 중불로 줄입니다.

5. ④를 쟁반에 펼쳐 한 김 날립니다.

6. 볼에 ⑤, 대파와 청양고추, 참기름, 소금, 다진 마늘, 통깨를 넣고 젓가락을 이용해 살살 무쳐서 완성합니다.

부추무침

맛집 62

재료

부추 400g, 고추 2개, 다진 마늘 ½큰술, 통깨 약간,

참기름 1큰술, 소금 약간, 국간장 ½큰술

1. 고추는 반으로 갈라 씨를 제거해 곱게 다집니다.

2. 부추는 끓는 물에 데칩니다.

3. 데친 부추는 찬물에 씻어서 물기를 꼭 짠 뒤 먹기 좋은 크기로 자릅니다.

4. 볼에 ③을 넣어 다진 고추와 참기름, 다진 마늘, 국간장, 통깨, 소금을 넣어 잘 무쳐 완성합니다.

※ 국간장이 없다면 소금으로 간을 맞추세요.

깻잎장아찌

맛집 63

재료

깻잎 500g, 잔멸치 60g, 다진 마늘 100g, 고추 100g,

대파 200g, 통깨 3큰술, 고춧가루 3큰술, 진간장 300㎖,

국간장 20㎖, 들기름 50㎖

1. 대파는 총총 썰기 합니다.

※ 이때 최대한 얇게 썰어주세요.

2. 고추도 총총 썰기 합니다.

3. 볼에 ①, ②, 다진 마늘, 진간장, 국간장, 들기름, 통깨, 고춧가루를 넣어 양념장을 만듭니다.

※ 짭조롬한 맛이 싫다면 진간장의 양을 줄이고 물을 넣습니다.

4. 깻잎 사이사이에 양념장을 바릅니다.

5. 얇은 웍에 ④와 잔멸치를 넣습니다.

6. 뚜껑을 열고 조립니다.

7. 끓어오르면 깻잎의 위아래를 바꿔주면서 조려서 완성합니다.

양파장아찌

맛집 64

재료

양파 1.5kg, 식초 1L, 진간장 300㎖, 설탕 150g

1. 양파를 2등분한 후 한 번 더 2등분 하되 끝까지 칼집을 넣지 않습니다.

※ 끝까지 자르면 양파 속이 다 빠질 수 있어요.

2. 씻어서 물기를 뺀 양파를 유리병에 넣습니다.

3. 볼에 식초, 진간장, 설탕을 넣어 간장물을 만듭니다.

※ 간을 봤을 때 약간 달큰하면서 신맛이 있고 짜지 않으며 간이 맞는 정도여야 합니다.

4. ②에 간장물을 부어 완성합니다.

고추장아찌

맛집 65

재료

고추 1.4kg, 물 1L, 설탕 300g, 소금 50g, 식초 1L, 청주 700㎖, 진간장 300㎖

1. 고추는 꼭지를 가위로 다듬습니다.

※ 꼭지가 없는 고추는 장아찌에 넣으면 안 됩니다. 물러질 수 있습니다.

2. 이쑤시개로 고추 꼭지와 끝부분에 구멍을 냅니다.

3. 냄비에 물을 끓인 뒤 소금을 넣고 녹인 다음 완전히 식힙니다.

4. 볼에 ③과 식초, 청주, 진간장, 설탕을 넣어 간장물을 만듭니다.

5. 통에 고추를 넣고 간장물을 부어 완성합니다.

쪽파장아찌

맛집 66

재료

쪽파 600g, 식초 200㎖, 진간장 200㎖, 청주 200㎖,

설탕 100g, 소금 10g

1. 쪽파는 손질해 준비합니다.

2. 볼에 청주, 소금, 설탕, 진간장, 식초를 넣어 간장물을 만듭니다.

3. 병에 쪽파와 간장물을 넣어 완성합니다.

김장아찌

재료

김 20장, 조청 100g, 진간장 200㎖, 고추장 1큰술, 밤 100g, 생강청 10g

1. 김은 먹기 좋은 적당한 크기로 썰어줍니다.

2. 밤은 채썰기 합니다.

3. 냄비에 진간장, 조청, 생강청을 넣은 뒤 저으면서 한소끔 끓입니다.

4. 볼에 밤을 넣고 ③을 부은 뒤 고추장을 넣어 섞어줍니다.

※ 간을 봤을 때 싱거우면 김이 다 풀어집니다. 조금 짭조름하게 하세요.

5. 보관할 통에 김을 3~4장 넣고 ④로 켜켜이 재워 완성합니다.

무장아찌

맛집 68

재료

무 1.8kg, 청양고추 60g, 식초 500㎖, 청주 500㎖, 진간장 100㎖, 끓인 물 400㎖, 설탕 150g, 소금 25g

1. 무는 두께 1.5cm, 길이 5cm 정도로 썰어 준비합니다.

2. 청양고추는 두께 2cm로 썰어놓습니다.

3. ②를 물에 넣어 고추씨를 뺍니다.

4. 냄비에 400㎖의 물을 넣어 끓인 뒤 식힙니다.

5. 볼에 끓인 물과 식초, 청주, 진간장, 소금, 설탕을 넣어 간장물을 만듭니다.

6. 유리병에 무와 고추를 넣고 간장물을 부어 완성합니다.

부추장아찌

재료

부추 500g, 진간장 300㎖, 식초 300㎖, 청주 300㎖, 설탕 150g

1. 부추는 다듬어 흐르는 물에 씻고 물기를 짠 뒤 타래를 만들어놓습니다.

2. 볼에 진간장, 청주, 식초, 설탕을 넣어 간장물을 만듭니다.

3. 보관할 통에 부추를 넣고 간장물을 부어 완성합니다.

마늘장아찌

재료

마늘 700g, 식초 250㎖, 청주 250㎖, 소금 1큰술, 설탕 100g

1. 마늘은 껍질을 까서 준비합니다.

※ 상처 난 마늘은 사용하지 않습니다.

2. 유리병에 마늘을 넣습니다.

3. 볼에 청주, 식초, 소금, 설탕을 넣어 식초물을 만듭니다.

4. ②에 ③을 부어 완성합니다.

콜라비장아찌

맛집 기

재료

콜라비 1.8kg, 청양고추 60g, 식초 500㎖, 청주 500㎖, 진간장 100㎖, 끓인 물 400㎖, 설탕 150g, 소금 25g

1. 콜라비는 두께 1.5cm, 길이 5cm 정도로 썰어놓습니다.

2. 청양고추는 두께 2cm로 썰어놓습니다.

3. ②를 물에 넣어 고추씨를 뺍니다.

4. 냄비에 400㎖의 물을 넣어 끓인 뒤 식힙니다.

5. 볼에 끓인 물과 식초, 청주, 진간장, 소금, 설탕을 넣어 간장물을 만듭니다.

6. 유리병에 콜라비와 고추를 넣고 ⑤를 부어 완성합니다.

오이장아찌

맛집 72

재료

오이 1kg, 진간장 200㎖, 식초 200㎖, 물 200㎖, 설탕 100g, 소금 10g

1. 오이는 통썰기 합니다.

2. 냄비에 물을 끓인 후 소금을 넣어 녹인 다음 완전히 식힙니다.

3. 볼에 ②와 식초, 진간장, 설탕을 넣어 간장물을 만듭니다.

4. 유리병에 오이를 넣고 간장물을 부어 완성합니다.

갈치조림

맛집 73

재료

갈치 1마리, 대파 80g, 조선호박 300g, 고추 60g, 물 200㎖, 진간장 3큰술, 생강청 ½큰술, 다진 마늘 1큰술, 설탕 약간, 고추장·고춧가루 1큰술(수북이)

1. 갈치는 씻어서 체망에 밭쳐 물기를 뺍니다.
※ 씻을 때 내장의 검은 막을 꼭 제거해주세요. 그래야 쓴맛이 나지 않습니다.

2. 조선호박은 속을 제거하고 두께 2cm, 길이 4cm로 큼지막하게 썰어줍니다.

3. 대파는 길이 4cm로 썰어줍니다.

4. 고추는 어슷썰기 합니다.

5. 볼에 물, 고추장, 고춧가루, 진간장, 생강청, 다진 마늘, 설탕을 넣어 잘 섞어줍니다.

6. 두꺼운 웍에 조선호박을 깔고 갈치와 대파, 고추를 올립니다.

7. ⑥에 ⑤를 넣고 뚜껑을 닫은 뒤 조립니다.

8. 김이 올라오면 뚜껑을 열어 한 번 더 조린 뒤 완성합니다.
※ 호박이 젓가락으로 잘릴 정도로 푹 익어야 합니다.

조기구이

재료

조기(반건조) 1마리, 청주 약간, 올리브유 약간

1. 실리콘 브러시를 이용해 조기에 청주와 올리브유를 바릅니다.

2. ①을 종이 포일에 감싼 후 양옆을 접어 클립으로 고정합니다.

3. 예열한 프라이팬에 ②를 올리고 뚜껑을 덮어 굽습니다.

4. 익는 냄새가 나면 뒤집어서 10분 정도 구워 완성합니다.

코다리무조림

맛집 75

재료

코다리 1.5kg, 무 1kg, 대파 350g, 진간장 150㎖, 다진 마늘 50g, 생강청 20g, 고춧가루 4큰술, 설탕 2큰술, 물 250㎖, 식용유 2큰술, 멸치액젓 1큰술

1. 코다리는 토막 낸 뒤 씻어서 체망에 밭쳐 물기를 뺍니다.
※ 씻을 때 내장 부분의 검은 막을 꼭 제거해주세요. 그래야 쓴맛이 나지 않습니다.

2. 대파(250g)는 15cm 길이로 자릅니다.

3. 무는 4cm 두께로 나박썰기 합니다.

4. 두꺼운 웍에 무를 깔고 대파를 올립니다.

5. ④에 1차 양념으로 진간장, 설탕(1큰술), 물, 고춧가루(2큰술)를 넣고 불을 켠 후 뚜껑을 덮어 익힙니다.

6. 대파(100g)는 어슷썰기 합니다.
※ 대파의 흰 부분을 사용하면 좋습니다.

7. 볼에 식용유, 다진 마늘, 생강청, 설탕(1큰술), 고춧가루(2큰술), 멸치액젓을 넣고 잘 섞어 2차 양념을 만듭니다.
※ 이때 양념의 간을 꼭 봅니다.

8. ⑤를 확인합니다. 젓가락으로 무를 찔러 쑥 들어갈 정도로 푹 익힙니다.

9. 코다리와 대파, 2차 양념을 넣고 뚜껑을 덮은 뒤 조려 완성합니다.
※ 뚜껑을 덮기 전 국물을 코다리에 잘 끼얹어줍니다.

제육볶음

재료

돼지 앞다리살 500g, 대파 100g, 양파 100g, 고추 1개, 통깨 약간, 들기름 30㎖, 생강청 · 고춧가루 · 다진 마늘 1큰술, 진간장 · 고추장 2큰술, 후춧가루 약간

1. 양파는 채썰기 합니다.

2. 대파, 고추는 어슷썰기 합니다.

3. 두꺼운 웍에 손질한 돼지 앞다리살을 넣고 들기름, 생강청, 고추장, 다진 마늘, 후춧가루, 진간장, 고춧가루를 넣어 주물러줍니다.

※ 생강청이 없다면 설탕과 생강을 넣어주세요.

4. ③을 볶습니다.

5. 고기가 완전히 익으면 ①, ②를 넣고 한 번 더 볶은 뒤 통깨를 뿌려 완성합니다.

상추겉절이

재료

상추 400g, 대파 20g, 배즙 100㎖, 다진 마늘 1큰술, 멸치액젓 30㎖, 생강청 ½큰술, 진간장 30㎖, 고춧가루 3큰술, 통깨 2큰술, 참기름 2 큰술

1. 상추는 흐르는 물에 씻은 후 물기를 제거하고 먹기 좋은 크기로 찢어서 준비합니다.

2. 대파는 총총 썰기 합니다.

3. 볼에 ②와 다진 마늘, 생강청, 배즙, 진간장, 멸치액젓, 고춧가루, 통깨, 참기름을 넣어 잘 섞어서 양념을 만듭니다.
※ 배즙 대신 물과 설탕을 넣어도 됩니다.

4. 상추에 ③의 양념을 끼얹어 완성합니다.

파채

맛집 78

재료

대파 5대, 고춧가루 ½큰술, 참기름 2큰술, 통깨 1큰술,

멸치액젓 · 진간장 · 식초 · 설탕 ½큰술

1. 대파는 채썰기 합니다.

2. ①을 찬물에 잠시 담가둡니다.

※ 약 10분 소요

3. ②를 체망에 밭쳐 물기를 뺍니다.

4. 볼에 ③을 넣고 고춧가루, 참기름, 통깨를 잘 버무려줍니다.

5. ④에 멸치액젓, 진간장, 설탕, 식초를 넣어 완성합니다.

※ 모자란 간은 소금으로 마무리합니다.

소시지 야채볶음

맛집 79

재료

비엔나소시지 350g, 고추 2개, 당근 10g, 양파 100g, 양배추 50g, 식용유 3큰술, 진간장 5큰술, 설탕 2큰술, 다진 마늘 1큰술(수북이)

1. 비엔나소시지에 사선으로 칼집을 넣습니다.
※ 젓가락을 받쳐서 칼집을 넣으면 수월합니다.

2. 양파는 채썰기 합니다.

3. 당근은 굵게 채썰기 합니다.

4. 고추는 3cm 길이로 썬 후 2등분합니다.

5. 양배추는 3cm 길이로 썰어줍니다.

6. 프라이팬에 식용유, 진간장, 설탕, 다진 마늘을 넣고 잘 섞은 후 끓입니다.

7. ⑥의 기포가 작아지고 색이 가무스름해지면 ①을 넣어 볶습니다.

8. ⑦에 ③ ,④, ⑤, ②를 차례로 넣어 볶은 후 완성합니다.
※ 채소는 단단한 재료 순으로 넣습니다.

두부버섯볶음

재료

두부 500g, 새송이버섯 200g, 고추 20g, 대파 10g, 식용유(두부용) 200㎖, 식용유(양념) 3큰술, 다진 마늘 · 참기름 1큰술, 진간장 · 설탕 5큰술, 후춧가루 · 통깨 약간

1. 두부는 키친타월을 이용해 물기를 제거합니다.

2. ①을 주사위 모양으로 썰어줍니다.

3. 새송이버섯도 두부와 같은 크기로 썰어줍니다.

4. 고추와 대파는 다져서 준비합니다.

5. 프라이팬에 식용유를 넣어 ②를 튀기듯 굽습니다.
※ **구운 두부는 채반에 밭칩니다.**

6. 프라이팬에 식용유, 다진 마늘을 넣어 마늘기름을 만듭니다.

7. ⑥에 진간장, 설탕을 넣어 저으면서 끓입니다.

8. ⑦의 기포가 작아지고 색이 가무스름해지면 ③을 넣어 볶습니다.

9. ⑧에 ④, ⑤를 넣어 골고루 양념을 묻히듯 볶은 후 후춧가루와 참기름, 통깨를 넣어 완성합니다.

고구마맛탕

맛집 81

재료

고구마 1kg, 식용유 1L, 식용유(시럽용) 3큰술, 물 50㎖, 진간장 1큰술, 설탕(시럽용) 150g, 설탕(고구마용) 1큰술, 물엿 30g, 통깨 1큰술

1. 고구마는 껍질을 까서 깍둑썰기 합니다.

2. ①을 찬물에 넣고 설탕을 넣어 잠시 담가둡니다.

3. ②를 체망에 밭쳐 물기를 빼서 준비합니다.

4. 두꺼운 냄비에 식용유를 붓고 170~180℃로 온도를 올려 줍니다.

※ 열전도율이 높은 그릇을 선택합니다.

5. ③을 뜰채에 넣어 ④에 넣어 튀깁니다.

※ 한 번에 다 튀기지 말고 나눠서 튀겨야 기름 온도가 떨어지지 않습니다.

6. 고구마가 살짝 부풀면 냄비에서 꺼내 키친타월에 올려 기름기를 뺍니다.

7. 웍에 식용유, 물, 진간장, 설탕, 물엿을 넣어 시럽을 만듭니다.

※ 이때 숟가락으로 저으면 절대 안 됩니다!

8. 살짝 끓기 시작하면 약불로 줄이고 기포가 작아질 때 까지 끓입니다.

※ 시럽의 점도는 약간 끈적한 정도면 좋습니다.

9. ⑧의 불을 끄고 ⑥과 통깨를 넣어 골고루 무쳐서 완성합니다.

막김치

맛집 82

재료

배추 3kg, 무 2kg, 소금(절임용) 150g, 실파 250g, 고춧가루 5큰술(수북이), 다진 마늘 2큰술(수북이), 생강청 1큰술, 설탕 1큰술, 소금(간) 2큰술(수북이)

1. 배추는 적당한 크기로 썰어줍니다.

2. 볼에 ①을 넣고 소금을 넣어 20분 정도 절입니다.

3. 실파는 4cm 길이로 썰어줍니다.

4. 무는 나박썰기 합니다.

5. ②를 살짝 치댄 뒤, 찬물에 두 번 씻어내고 소쿠리에 밭쳐 물기를 빼서 준비합니다.

6. ⑤에 ③, ④, 고춧가루, 다진 마늘, 생강청, 설탕, 소금을 넣어 버무려 완성합니다.

양배추나물

맛집 83

재료

양배추 1.5kg, 대파 60g, 청양고추 3개, 홍고추 3개, 참기름 2큰술, 고춧가루 1큰술, 다진 마늘 1큰술, 통깨 2큰술, 소금(선택) 약간

1. 양배추를 반으로 가른 후 심지를 잘라내고 얇게 채썰기 합니다.

※ 양배추는 결대로 채 썰어야 모양이 망가지지 않아요. 채칼을 이용해도 좋아요.

2. 채 썬 양배추를 흐르는 물에 헹군 후 채반에 밭쳐 물기를 뺍니다.

3. 찜기에 물이 끓어오르면 불을 끄고 양배추를 올립니다.

※ 물 양이 많아도 괜찮아요.

4. 다시 불을 켜고 뚜껑을 덮은 후 강한 불로 찝니다.

5. 대파, 청양고추, 홍고추는 송송 썹니다.

6. 양배추가 다 쪄지면 불을 끄고 볼에 담아 한 김 식힙니다.

※ 무른 식감이 좋다면 좀 더 쪄주세요. 불을 끈 상태로 뚜껑을 덮어두면 안 돼요.

7. 한 김 식힌 양배추에 참기름 2큰술을 두르고 살살 무칩니다.

8. ⑦에 고춧가루 1큰술, 진간장 2큰술, 다진 마늘 1큰술, 통깨 2큰술, 손질한 대파와 고추를 넣고 무칩니다.

※ 고춧가루는 기호에 따라 가감하고, 싱거우면 소금을 더 넣어주세요.

얼갈이열무 물김치

맛집 84

재료

열무 1단(170g), 얼갈이 170g, 소금(천일염) 70g, 물 2L, 보리가루 50g, 고춧가루 2큰술, 쪽파 100g, 다진 마늘 30g, 생강청 30g, 소금 4큰술

1. 열무는 뿌리 부분을 잘라내고 떡잎을 떼어낸 후 먹기 좋은 길이로 자릅니다.

※ 열무는 줄기 부분이 휘지 않고 '딱' 소리를 내며 부러지는 것이 좋아요.

2. 얼갈이는 밑동을 자르고 떡잎을 떼어낸 다음 먹기 좋은 크기로 자릅니다.

※ 너무 굵은 것은 밑동에 칼집을 내 반으로 갈라주세요. 얼갈이는 너무 긴 것보다 짤막하고 연한 것으로 고르세요.

3. 손질한 열무와 얼갈이를 흐르는 물에 여러 번 씻은 후 채반에 밭쳐 물기를 제거합니다.

※ 씻을 때 너무 주무르지 말고 살살 흔들어 씻어주세요.

4. 물기를 제거한 열무와 얼갈이에 소금 70g을 뿌려 20분 정도 절입니다.

※ 손질한 재료와 소금은 세 번에 나눠 켜켜이 쌓아주세요.

5. 냄비에 물 1L를 붓고 보리가루 50g을 넣어 곱게 풉니다.

※ 보리가루가 없다면 찹쌀가루나 밀가루로 대체 가능해요.

6. 불을 켜고 끓어오르면 저어가며 강한 불로 풀을 쑤어줍니다.

7. 절인 열무와 얼갈이는 흐르는 물에 헹군 후 채반에 밭쳐 물기를 완전히 뺍니다.

8. 고춧가루 2큰술을 채반으로 걸러 물 1L에 넣습니다.

9. 쪽파는 흰 부분을 총총 썰고 파란 부분을 열무 길이보다 짧게 자릅니다.

10. 큰 볼에 ⑥과 ⑧, 손질한 쪽파, 다진 마늘 30g, 생강청 30g, 소금 4큰술을 넣고 섞습니다.

※ 소금이 완전히 녹으면 간을 보세요. 이때 간이 싱거우면 안 돼요. 열무의 쌉쌀한 맛을 없애고 싶다면 설탕 1큰술을 추가하세요.

11. 김치통에 ⑦을 담고 ⑩을 붓습니다.

꽈리고추 조림

맛집 85

재료

꽈리고추 400g, 진간장 4큰술, 식용유 2큰술, 국간장 1큰술, 물 3큰술, 물엿 2큰술, 설탕 1큰술, 고추장 1큰술, 참기름 약간, 대파 약간, 통깨 약간, 다진 마늘 1큰술(수북이)

1. 꽈리고추는 꼭지를 따고 씻은 후 채반에 받쳐 물기를 뺍니다.

※ 꽈리고추는 끝이 뾰족한 것은 매운맛이 강한 반면, 둥근 것은 매운맛이 덜해요. 조림을 할 때는 둥글고 통통한 것으로 고르세요.

2. 볼에 진간장 4큰술, 국간장 1큰술, 다진 마늘 1큰술, 물 3큰술, 물엿 2큰술, 식용유 2큰술, 설탕 1큰술, 고추장 1큰술을 넣고 잘 섞습니다.

※ 간을 봤을 때 약간 짭조름해야 합니다. 짠맛이 싫다면 진간장 양을 조금 줄이세요.

3. 웍에 ①과 ②를 넣고 뚜껑을 덮어 강한 불에 익힙니다.

4. 양념 냄새가 올라오면 뚜껑을 열고 뒤적이며 양념물이 자박해질 때까지 강한 불로 조립니다.

5. 송송 썬 대파를 넣고 양념물이 없어질 때까지 저으며 계속 강한 불로 조립니다.

6. 통깨 약간, 참기름 약간을 넣고 한번 섞은 다음 그릇으로 옮깁니다.

마늘종 무침

맛집 86

재료

마늘종 400g, 밀가루 1큰술, 다진 대파 20g, 다진 마늘 20g, 참기름 1큰술, 진간장 1큰술, 고춧가루 ½큰술, 국간장 ½큰술, 통깨 약간

1. 마늘종은 5cm 길이로 잘라 씻은 후 물기를 뺍니다.

※ **마늘종은 색이 연하고 만졌을 때 부들부들하며 통통한 것을 고르세요.**

2. 볼에 ①을 담아 밀가루 1큰술을 넣고 골고루 버무립니다.

※ **밀가루는 마늘종의 매운맛을 빼고 양념이 잘 묻게 해요.**

3. 찜기에 ②를 넣고 강한 불로 한소끔 찝니다.

※ **너무 많이 찌면 색이 탁해지니 주의하세요.**

4. 찐 마늘종을 넓은 접시에 펼쳐 한 김 식힙니다.

5. 볼에 한 김 식힌 마늘종, 참기름 1큰술, 진간장 1큰술을 넣고 살살 무친 후 다진 대파와 마늘을 넣어 버무립니다.

6. ⑤에 통깨 약간, 고춧가루 ½큰술, 국간장 ½큰술을 넣어 버무립니다.

※ **국간장 대신 소금으로 간을 맞춰도 됩니다.**

열무김치

맛집 87

재료

열무 4kg(2단), 오이 3개, 소금 200g, 홍고추 300g, 쪽파 200g, 생강청 50g, 다진 마늘 150g, 새우젓 100g, 멸치액젓 200㎖, 식은 밥 300g, 물 500㎖, 설탕 20g, 고춧가루 50g

1. 열무는 떡잎을 떼어내고 7cm 정도 길이로 자릅니다.

2. ①을 흐르는 물에 깨끗이 씻은 후 물기를 제거합니다.

3. 그릇에 물기를 뺀 열무, 소금 200g을 세 번에 나누어 켜켜이 넣고 30분 정도 절입니다.

※ 절이는 시간은 상태를 확인하며 조절해주세요. 더울 때는 소금 양을 조금 줄이고, 추울 때는 늘려주세요.

4. 오이는 3~4등분한 다음 십자 모양으로 자릅니다.

5. 믹서에 식은 밥 300g, 물 500㎖, 자른 홍고추를 넣고 갈아줍니다.

6. 볼에 ⑤와 새우젓100g, 멸치액젓 200㎖, 생강청 50g, 다진 마늘 150g, 설탕 20g, 적당한 길이로 자른 쪽파를 넣어 버무립니다.

7. 절인 열무는 채반에 밭쳐 소금물을 뺀 후 흐르는 물에 한 번 씻고 물기를 뺍니다.

※ 물기 빼는 과정이 중요해요. 물기는 최대한 빼주세요.

8. 김치통에 물기 뺀 열무, 고춧가루 50g, 오이, ⑥의 양념을 세 번에 나누어 켜켜이 담아 냉장 보관합니다.

※ 하루 동안 숙성시킨 후 국물로 간을 보세요. 싱겁다면 소금이나 새우젓, 멸치액젓을 넣으세요.

쪽파 김무침

맛집 88

재료

쪽파 240g, 소금 6g, 물 2L, 건파래김 30g, 올리브유 1큰술, 진간장 1큰술, 통깨 1큰술, 국간장 ½큰술, 참기름 1+½큰술

1. 쪽파는 밑동을 자르고 갈라지는 부분을 잘라 손질합니다.

※ 쪽파는 뿌리에서 이어지는 흰 부분이 길고 통통한 것이 좋아요.

2. 건파래김은 하나하나 뜯어 손질한 후 올리브유 1큰술, 참기름 1큰술을 넣고 버무립니다.

※ 뭉쳐지지 않게 잘 뜯고, 남은 건파래김은 냉동 보관하세요.

3. 끓는 물 2L에 소금 6g을 넣고 쪽파 머리 부분부터 넣어 데칩니다.

※ 살짝 뒤집어가며 한소끔만 데치면 됩니다. 너무 오래 데치면 흐물거려요.

4. 데친 쪽파는 찬물에 헹군 후 꼭 짭니다.

5. ②에 데친 쪽파, 통깨 1큰술, 국간장 ½큰술, 진간장 1큰술을 넣고 무칩니다.

6. 참기름 ½큰술을 넣어 무친 후 마무리합니다.

우엉조림

맛집 89

재료

우엉 170g, 당근(선택) 적당량, 설탕 1큰술, 식용유 2큰술, 물엿 2큰술, 진간장 3큰술, 통깨 약간

1. 손질한 우엉과 당근은 편썰기 합니다.

※ 채 썬 우엉을 구입해 사용해도 좋아요. 당근이 없다면 생략하세요.

2. 끓는 물에 손질한 당근과 우엉을 넣고 살짝 데칩니다.

3. 끓어오르기 전 누런 물이 우러나오면 불을 끄고 채반에 밭쳐 물기를 제거합니다.

※ 끓을 때까지 두면 안 돼요.

4. 팬에 식용유 2큰술, 설탕 1큰술, 진간장 3큰술, 물엿 2큰술을 넣고 섞습니다.

※ 아직 불을 켜지 마세요.

5. 불을 켠 후 물기 뺀 우엉과 당근을 넣어 강한 불로 조립니다.

※ 팬에 양념물을 계속 끼얹으면서 조려주세요.

6. 양념물이 없어질 때까지 조린 다음 불을 끄고 통깨를 뿌립니다.

부추김치

맛집 90

재료

부추 700g, 새우젓 50g, 생강청 30g, 다진 마늘 50g, 고춧가루 80g, 멸치액젓 80㎖, 설탕 ½큰술, 통깨 약간

1. 흐르는 물에 씻어 물기를 뺀 부추와 고춧가루 80g을 보관통에 세 번에 나눠 켜켜이 담습니다.

2. 맨 위에 멸치액젓 80㎖, 생강청 30g, 다진 마늘 50g, 새우젓 50g, 설탕 ½큰술을 넣습니다.

※ 4시간 정도 숨을 죽인 후 살살 뒤섞어 그릇에 담고 통깨를 뿌려 드세요.

봄깍두기

맛집 91

재료

무 1.6kg, 설탕 1큰술, 소금 10g, 물 200㎖, 쪽파 70g, 고춧가루 50g, 생강청 30g, 새우젓 40g, 다진 마늘 60g, 습식 찹쌀가루 40g(건식일 경우 20g)

1. 무는 1.5×1.5×1.5㎝ 크기로 자릅니다.

※ 봄에 나온 무는 가을무에 비해 달지 않으므로 작게 썰어주는 것이 좋아요. 무는 초록 부분이 많은 것으로 고르세요.

2. 그릇에 무, 설탕 1큰술, 소금 10g을 넣고 섞은 후 30분 정도 재웁니다.

3. 냄비에 찹쌀가루 40g과 물 200㎖를 섞어 불에 올린 후 보글보글 끓어오르면 불을 끄고 식힙니다.

4. 재워둔 무는 채반에 밭쳐 물기를 뺍니다.

※ 씻으면 안 돼요.

5. 쪽파는 4cm 길이로 송송 썰어놓습니다.

6. 김치통에 물기 뺀 무와 ⑤, 고춧가루 50g, 생강청 30g, 새우젓 40g, 다진 마늘 60g, ③의 식은 찹쌀풀을 넣고 버무립니다.

※ 다음 날 국물 맛을 보고 싱겁다면 액젓 20㎖나 천일염을 추가해서 드세요.

깻잎찜

맛집 92

재료

깻잎 350g, 대파 250g, 고춧가루 20g, 다진 마늘 40g, 진간장 100㎖, 들기름 50㎖, 홍고추 80g, 통깨 20g, 물(선택) 50㎖

1. 대파는 잘게 다지고 홍고추는 얇게 송송 썰어줍니다.

※ 홍고추가 없으면 생략해도 됩니다.

2. 볼에 ①과 고춧가루 20g, 통깨 20g, 들기름 50㎖, 다진 마늘 40g, 진간장 100㎖를 넣고 섞습니다.

※ 맛을 보고 짜다면 물 50ml를 추가하세요.

3. 깻잎 2~3장에 한 번씩 ②의 양념을 넣습니다.

4. 찜기에 넣을 수 있는 크기의 볼에 ③을 옮겨 담습니다.

5. 찜기의 물이 끓어오르면 ④를 넣고 뚜껑을 덮어 중탕으로 찝니다.

6. 양념물이 자박하게 생기면 아래쪽에 있던 깻잎을 위쪽으로 옮겨 한번 더 찝니다.

7. 완성되면 불을 끈 뒤 뚜껑을 열어 김을 날리고 그릇에 옮겨 담습니다.

마늘종 새우볶음

맛집 93

재료

마늘종 170g, 식용유 3큰술, 진간장 2큰술, 물엿 1큰술, 설탕 ½큰술, 건새우 50g, 통깨 1큰술, 소금 약간, 다진 마늘 ½큰술, 고운 고춧가루 ½큰술

1. 마늘종은 씻은 후 먹기 좋은 크기로 자릅니다.

※ 씨에 영양분이 많으니 버리지 마세요.

2. 팬에 식용유 1큰술을 두르고 예열한 후 마늘종, 소금 약간을 넣어 강한 불로 볶습니다.

3. 마늘 향이 올라오면 불을 끄고 넓은 접시에 펼쳐 식힙니다.

4. 팬에 식용유 2큰술, 진간장 2큰술, 물엿 1큰술, 설탕 ½큰술을 넣어 섞은 후 끓입니다.

5. 소스가 끓어오르면 다진 마늘 ½큰술을 넣고 섞어줍니다.

6. 마늘 향이 올라오면 건새우와 고춧가루 ½큰술을 넣어 볶습니다.

7. 건새우에 양념이 입혀지면 마늘종을 넣어 볶습니다.

8. 불을 끄고 통깨 1큰술을 넣어 잔열로 볶은 후 다른 그릇에 옮겨 한 김 식힙니다.

※ 마늘종은 한번 볶아낸 것이니 너무 오래 조리할 필요는 없어요. 물이 생기니 프라이팬에 그대로 두고 식히지 마세요.

머위나물 무침

맛집 94

재료

머위나물 100g, 고추장 ½큰술, 된장 ¼큰술, 들기름 1큰술, 통깨 1큰술

1. 머위나물은 끓는 물에 살짝 데칩니다.

※ 머위나물은 씻지 않고 바로 데치세요. 생으로 만지면 손이 까매지니 손질은 데친 후 하는 것이 좋아요.

2. 데친 머위나물을 찬물에 헹군 후 채반에 밭쳐 물기를 뺀 다음 먹기 좋게 뜯습니다.

※ 손으로 뜯으세요. 나물은 칼보다 손으로 손질하는 것이 좋아요.

3. ②의 물기를 꾹 짭니다.

※ 물기 짜는 과정이 굉장히 중요해요. 나물은 물기가 있으면 보기 안 좋아요.

4. 볼에 ③과 고추장 ½큰술, 된장 ¼큰술, 들기름 1큰술, 통깨 1큰술을 넣고 살살 무칩니다.

주꾸미볶음

맛집 95

재료

주꾸미 1kg, 식용유 2큰술, 양배추 150g, 양파 1개, 대파 100g, 당근 100g, 청·홍고추 6~7개, 배즙 100㎖, 다진 마늘 100g, 고추장 1큰술, 고춧가루 5큰술, 진간장 3큰술,

참기름 3큰술, 설탕 1큰술, 굴소스 1큰술, 통깨 1큰술

---

1. 주꾸미는 머리를 뒤집어 내장과 입을 제거하고 밀가루로 주물러 씻은 후 흐르는 물에 헹군 다음 채반에 밭쳐 물기를 뺍니다.

2. 볼에 ①을 넣고 끓는 물을 부어 살짝 데친 후 채반에 밭쳐 둡니다.

※ 삶으면 질겨지니 뜨거운 물을 부어 살짝 데칠 거예요. 단맛이 빠져나가니 너무 오래 두지 마세요.

3. 양배추와 양파, 대파는 굵게 채 썰고, 당근은 편 썰고, 고추는 어슷 썰어줍니다.

※ 양배추는 없으면 생략해도 됩니다.

4. 볼에 배즙 100㎖와 다진 마늘 100g, 고추장 1큰술, 고춧가루 5큰술, 진간장 3큰술, 참기름 2큰술, 설탕 1큰술을 섞어 양념장을 만듭니다.

※ 배즙이 없다면 물에 설탕을 섞어 넣어도 됩니다.

5. 주꾸미는 먹기 좋은 크기로 자릅니다.

※ 이때 손질하다 놓친 눈도 잘라내세요.

6. 팬에 식용유 2큰술을 두르고 달궈지면 당근, 양파, 양배추, 고추, 대파 순으로 넣고 볶다가 채소 향이 올라오면 ④를 넣어 볶습니다.

7. 채소가 익으면 손질한 주꾸미를 넣고 강한 불에서 빠르게 볶습니다.

8. ⑦에 굴소스 1큰술을 넣고 볶다가 통깨 1큰술, 참기름 1큰술을 넣고 살짝 볶아서 마무리합니다.

※ 해물에는 굴소스가 잘 어울려요. 굴소스가 없으면 진간장을 넣으세요. 더 빨간색을 내려면 고춧가루를 추가하세요.

톳두부무침

맛집 96

재료

톳 500g, 두부 400g, 통깨 1큰술, 참기름 2큰술, 다진 마늘 약간, 천일염 약간

1. 톳은 옆줄기를 손으로 훑어 분리해 흐르는 물에 세 번 정도 씻습니다.

※ 톳을 손질할 때는 가위를 사용하지 마세요. 고유의 오독한 식감이 없어지기 때문이에요. 톳은 옆줄기가 많이 붙어 있고 만졌을 때 미끈거리지 않는 것으로 고르세요.

2. ①을 끓는 물에 살짝 데친 후 찬물에 담가둡니다.

※ 오래 데치지 마세요. 톳 색이 파래지면 바로 건져내세요.

3. 두부는 끓는 물에 삶은 후 칼등으로 곱게 으깨 면보로 물기를 짭니다.

※ 물기가 없어야 톳나물을 무칠 때 질척거리지 않아요.

4. 볼에 물기를 제거한 톳과 ③, 통깨 1큰술, 참기름 2큰술, 다진 마늘과 천일염 약간을 넣은 후 살살 무칩니다.

※ 손에 힘을 빼고 살살 무치세요.

여름 배추김치

맛집 97

재료

배추 18kg(2망), 소금 1.5kg, 무 2kg, 쪽파 500g, 홍고추 800g, 물 1L, 멸치액젓 500㎖, 새우젓 200g, 생강청 200g, 다진 마늘 400g, 고춧가루 800g

1. 배추는 밑동을 자르고 떡잎을 떼어낸 후, ½지점까지 십자로 칼집을 냅니다.

2. 그릇에 물을 붓고 소금 1.5kg을 넣어 완전히 녹여줍니다.
※ 물 양은 그릇에 배추를 배꼽부터 세운 후 약 80% 잠길 정도면 됩니다.

3. ②에 배추를 넣고 5시간 정도 절입니다.
※ 가끔 한 번씩 뒤집어주세요. 2시간 정도 후 칼집 넣은 부분을 잡고 4등분해 3시간 정도 더 절이면 됩니다.

4. 절인 배추는 채반에 건져 소금물을 빼고, 흐르는 물에 세 번 헹군 후 다시 채반에 건져 물기를 뺍니다.

5. 무는 채 썰고, 쪽파는 4cm 길이로 썰고, 홍고추는 길게 반으로 가른 후 3~4등분합니다.

6. 믹서에 홍고추와 물 1L를 넣고 갈아줍니다.

7. 볼에 ⑤와 ⑥, 멸치액젓 500㎖, 새우젓 200g, 생강청 200g, 다진 마늘 400g, 고춧가루 800g을 넣고 버무립니다.
※ 홍고추를 넣었다고 고춧가루를 생략하지 마세요. 그래야 색도 예쁘고 맛도 겉돌지 않아요.

8. 물기를 뺀 배추에 양념을 발라 김치통에 넣습니다.

가지무침

맛집 98

재료

가지 5개, 밀가루 4큰술(수북이), 실파 50g, 청·홍고추 30g, 국간장 ½큰술, 진간장 ½큰술, 소금(선택) 약간, 다진 마늘 1큰술, 통깨 약간, 참기름 2큰술

1. 가지는 3등분한 후 엄지손가락 크기로 자릅니다.

2. 비닐봉지 안에 ①과 밀가루 4큰술을 넣고 흔듭니다.

※ 밀가루가 가지에 잘 입혀지게 여러 번 흔들어주세요.

3. 찜기에 물이 끓어오르면 불을 끄고 ②의 가지를 올린 후 뚜껑을 덮고 다시 불을 켭니다.

※ 밀가루가 떨어지지 않게 조금씩 꺼내 찜기에 올리세요.

4. 강한 불에서 5분 정도 찐 후 넓은 접시로 옮겨 한 김 식힙니다.

※ 뚜껑 덮고 뜸을 들이면 절대 안 돼요.

5. 실파는 송송 썰고, 청 · 홍고추는 다집니다.

6. 볼에 식힌 가지, 참기름 2큰술을 넣고 젓가락으로 살살 무칩니다.

7. 진간장 ½큰술, 국간장 ½큰술, 통깨 약간, ⑤, 다진 마늘 1큰술을 넣고 살살 무칩니다.

※ 간을 보고 싱겁다면 소금을 추가하세요.

오이소박이

맛집 99

재료

오이 14개, 소금 50g, 부추 400g, 새우젓 50g, 멸치액젓 60㎖, 다진 마늘 60g, 고춧가루 80g, 생강청 30g

1. 오이는 꼭지를 자르고 칼끝을 이용해 오돌오돌한 부분을 살살 긁어 제거한 후 흐르는 물에 씻은 다음 채반에 얹어 물기를 뺍니다.

2. 물기 뺀 오이를 반으로 자릅니다.

※ 오이는 휘지 않고 위아래 굵기가 동일한 것이 좋아요.

3. 볼에 ②와 소금 50g을 넣은 후 30분 정도 절입니다.

※ 오이는 짜게 절이면 안 돼요. 빠르게 절이고 싶어 소금을 많이 넣으면 오이에 짠 물이 들어 아무리 간을 싱겁게 해도 짜져요. 소금 양을 지켜주세요. 오이를 비틀었을 때 겉면이 보들하면 적당히 절여진 거예요.

4. 절인 오이에 관통하듯 십자로 칼집을 냅니다.

5. 흐르는 물에 ④를 두 번 정도 씻어 소금기를 없앤 후 채반에 얹어 물기를 뺍니다.

6. 부추는 깨끗이 씻어 3~4cm 길이로 자릅니다.

7. 큰 볼에 ⑥과 새우젓 50g, 멸치액젓 60㎖, 다진 마늘 60g, 고춧가루 80g, 생강청 30g을 넣고 살살 버무립니다.

※ 잠시만 두면 부추 숨이 죽어요. 이때 간을 보면 좋아요. 새우젓이 싫다면 소금 간을 더하고, 생강청 대신 생강을 넣고 싶다면 설탕을 1큰술 정도 추가하세요.

8. 칼집 낸 오이 속에 ⑦을 쏙쏙 집어넣어 김치통에 담아 냉장 보관합니다.

※ 양념을 먼저 4등분한 후 한 덩어리씩 오이 7개에 골고루 나누어 넣으세요. 그러면 넘치거나 모자람 없이 양념을 모두 사용할 수 있어요.

오이지

맛집 100

재료

오이 50개, 물 8L, 소금 1kg

1. 오이는 흐르는 물에 씻습니다.

※ 상처가 나지 않도록 조심하세요. 상처 나면 무를 수 있어요.

2. 물기를 뺀 ①을 김치통에 지그재그로 넣습니다.

3. 냄비에 물 8L를 붓고 소금 1kg를 넣어 녹입니다.

4. 소금이 다 녹으면 불을 켜고 뚜껑을 덮어 강한 불에서 팔팔 끓입니다.

5. ②의 오이 위에 누름돌을 얹거나 접시를 뒤집어 올린 후 그 위로 ④의 뜨거운 소금물을 붓습니다.

※ 접시 위로 물을 부어야 뜨거운 물이 골고루 부어져요.

6. 접시 위에 무거운 누름돌을 올리고 완전히 식힌 후 뚜껑을 덮습니다.

※ 누름돌이 없다면 빈 그릇에 물을 채워 활용하세요. 서늘한 곳에 2주 정도 보관한 후 김치냉장고에 넣으세요.

양배추
물김치

맛집 101

재료

양배추 2kg, 소금 4큰술, 물 2L, 말린 비트 20g, 다진 마늘 1큰술, 생강청 ½큰술, 실파 50g, 설탕 1큰술

1. 양배추는 4등분해 굵은 심지를 제거하고 먹기 좋은 크기로 썬 다음 흐르는 물에 깨끗이 씻어 물기를 뺍니다.

2. 볼에 ①을 담고 소금 2큰술을 넣어 1시간 정도 절입니다.

3. 절인 양배추를 흐르는 물에 씻어 소금기를 제거한 후 채반에 얹어 물기를 뺍니다.

4. 김치통에 물 2L, 말린 비트, ③, 숭덩숭덩 자른 실파, 설탕 1큰술, 다진 마늘 1큰술, 생강청 ½큰술, 소금 2큰술을 넣어 보관합니다.

※ 생비트를 그냥 넣으면 흙내가 나니, 꼭 말린 비트를 사용하세요.

된장 깻잎장아찌

맛집 102

재료

메주콩 100g, 깻잎 800g, 된장 1큰술, 물 500㎖ 이상, 다진 마늘 1큰술, 청양고추(선택) 2개, 집된장 3큰술(수북이)

1. 깻잎을 흐르는 물에 씻은 후 물기를 뺍니다.

2. 메주콩은 물에 3시간 정도 불립니다.

※ 이걸 삶아 콩 삶은 물 200㎖를 만들 거예요. 그러므로 물을 최소 200㎖ 이상 넉넉하게 잡아주세요.

3. 냄비에 ②를 넣고 강한 불로 끓이다 물이 끓어오르면 된장 1큰술을 넣습니다.

※ 된장은 끓어 넘치지 말라고 넣는 거예요.

4. 뚜껑을 덮은 후 약한 불로 줄여 완전히 삶은 다음 채반에 걸러 식힙니다.

※ 콩을 만졌을 때 뭉그러질 정도로 삶으세요. 거른 물은 버리지 마세요.

5. 콩 삶은 물 200㎖와 물 300㎖, 삶은 콩을 준비합니다.

※ 콩 삶은 물 양이 적으면 물을 더 넣으세요.

6. 볼에 ⑤를 넣은 후 핸드 믹서로 곱게 갈아줍니다.

※ 콩이 잠길 만큼만 콩 삶은 물과 물을 섞어 넣으세요.

7. ⑥에 집된장 3큰술, 남은 콩 삶은 물, 다진 마늘 1큰술을 넣고 섞고 청양고추 2개를 적당한 크기로 잘라 넣습니다.

※ 이때 간이 딱 맞아야 해요. 싱겁거나 짜면 안 돼요.

8. 찜기에 김이 오르면불을 끄고 깻잎을 여러 장씩 겹쳐서 나누어 올린 후 강한 불에 찝니다.

9. 찜기에 다시 한번 김이 올라오고 깻잎 냄새가 나면 깻잎을 채반에 내려 한 김 식힙니다.

※ 아주 살짝만 쪄야 부드러워요.

10. 보관통에 깻잎을 넣고 ⑦의 양념을 골고루 뿌립니다.

※ 깻잎과 양념장을 켜켜이 쌓으세요.

표고버섯 볶음

맛집 103

재료

표고버섯 300g, 대파 약간, 참기름 1큰술, 소금 약간, 통깨 1큰술, 물 3큰술

1. 표고버섯의 꼭지를 칼이나 가위로 자른 후 흐르는 물로 살짝 씻습니다.

※ 갓의 바깥쪽이 아닌 안쪽으로 물을 흘려야 이물질을 제대로 제거할 수 있어요. 떼어낸 꼭지는 버리지 말고 된장찌개를 끓이거나 육수를 낼 때 사용해 더 깊은 맛을 내보세요.

2. ①을 최대한 얇게 썰어 준비하고 대파도 채 썰어 준비합니다.

※ 표고버섯은 두껍게 썰면 감칠맛이 덜해요. 대파를 손가락 길이만큼 자른 후 반으로 잘라 기존에 말려 있던 방향이 아닌 다른 방향으로 돌돌 말아 채를 썰면 길이감을 그대로 유지할 수 있답니다.

3. 예열한 팬에 표고버섯을 넣고 강한 불로 볶습니다.

※ 기름을 두르지 않는 게 포인트예요.

4. 버섯이 익기 시작하면 물 3큰술을 붓고 약한 불로 줄여 계속 볶습니다.

5. 불을 끈 후 채 썬 대파와 통깨 1큰술, 참기름 1큰술을 넣고 섞은 후 소금으로 간합니다.

쪽파김치

맛집 104

재료

쪽파 1.5kg, 다진 마늘 100g, 새우젓 80g, 멸치액젓 100㎖,

고춧가루 100g, 설탕 40g, 생강청 30g

1. 쪽파는 세척 후 물기를 뺍니다.

2. 큰 그릇에 ①과 고춧가루 100g, 다진 마늘 100g, 생강청 30g, 설탕 40g, 새우젓 80g을 차례대로 3~4회에 걸쳐 켜켜이 쌓는다. 맨 마지막에 멸치액젓 100㎖를 골고루 뿌립니다.

※ 실온에 하룻밤 재운 후 국물을 맛본 후 싱겁다면 멸치액젓이나 새우젓을 더하고, 짜다면 설탕을 조금 더 넣으세요.

3. 하루 동안 재운 후 한움큼씩 잡아 돌돌 말아서 김치통에 넣어 보관합니다.

아삭이고추 된장무침

맛집 105

재료

오이고추 500g, 감자 100g, 마늘 60g, 된장 300g, 통깨 20g, 참기름 2큰술

1. 껍질 깐 감자는 삶아서 으깨고, 오이고추는 2cm 길이로 썰고, 마늘은 편 썰기 합니다.

2. 볼에 으깬 감자, 된장 300g을 넣고 섞습니다.

3. ②에 통깨 20g, 참기름 2큰술을 넣고 섞습니다.
※ 참기름은 취향에 따라 가감하세요.

4. ③에 고추와 마늘을 넣고 무칩니다.

석박지

맛집 106

재료

무 4kg, 고춧가루 100g, 설탕 300g, 소금 50g, 생강청 50g, 새우젓 70g, 다진 마늘 80g, 대파 60g, 멸치액젓 100㎖

1. 무는 깨끗이 씻은 후 흠집 있는 곳만 살짝 긁어내고 큼직하게 썰어줍니다.

※ 껍질은 벗기지 않아요. 모양이 정해진 것은 아니니 편하게 썰어도 돼요.

2. 김치통에 손질한 무와 설탕 300g을 넣고 골고루 버무려 2~3시간 후 한번 뒤적인 다음 냉장고에 넣어 하룻밤 숙성시킵니다.

※ 2~3시간에 한번씩 뒤적여주세요.

3. 숙성시킨 ②를 채반에 얹어 물기를 뺍니다.

4. 김치통에 ③과 어슷 썬 대파, 새우젓 70g, 소금 50g, 다진 마늘 80g, 멸치액젓 100㎖, 고춧가루 100g, 생강청 50g을 넣고 버무립니다.

※ 하루 정도 지난 후 국물로 간을 맞춰보세요. 취향에 따라 소금을 더해도 좋아요. 다시 하루 정도 실온에 둔 후 냉장고에서 2주 정도 숙성하면 맛있는 섞박지가 완성됩니다.

치킨무 (무절임)

맛집 107

재료

무 2kg, 물 1L, 식초 1L, 설탕 200g, 소금 40g, 월계수 잎 2장

1. 무는 1.5×1.5×1.5cm 크기로 깍둑 썰기 합니다.

※ 찬물에 담그는 이유는 갈변을 막기 위해서입니다.

2. 냄비에 물 1L, 월계수 잎 2장을 넣고 강한 불로 끓입니다.

3. 물이 끓어오르면 냄비에 설탕 200g, 소금 40g을 넣어 저어가며 녹입니다.

4. ③에 식초 1L를 넣고 월계수 잎은 꺼냅니다.

5. 보관통에 무를 넣고 ④의 절임물을 부은 후 완전히 식힙니다.

※ 서늘한 상온에 하루 동안 둔 후 냉장고에서 3일간 숙성시켜 드세요.

코다리조림

맛집 108

재료

코다리 4마리, 대파 100g, 고추 70g, 진간장 100㎖, 식용유 30㎖, 물엿 100g, 참기름 1큰술, 다진 마늘 1큰술, 생강청 ½큰술, 설탕 1큰술, 고춧가루 1큰술, 고추장 1큰술, 통깨 1큰술

1. 코다리는 입, 지느러미, 비늘을 제거하고 3cm 두께로 토막 냅니다.

2. 살 안쪽의 검은 막을 제거하고 뼈에 붙은 핏물도 잘라냅니다.

※ 코다리조림에서 가장 중요한 포인트예요. 검은 막을 제거하지 않으면 쓴맛이 나니, 꼭 제거하세요.

3. ②를 흐르는 물에 빠르게 씻은 후 채반에 밭쳐둡니다.

4. 고추는 어슷 썰고, 대파는 4등분합니다.

5. 볼에 진간장 100㎖, 식용유 30㎖, 고추장 1큰술, 고춧가루 1큰술, 설탕 1큰술, 물엿 100g, 다진 마늘 1큰술, 생강청 ½큰술, 참기름 1큰술을 섞어 양념장을 만듭니다.

6. 두툼한 웍에 대파를 깝니다.

7. ⑥ 위에 ③, ④, ⑤를 2~3회에 나누어 켜켜이 담아 뚜껑을 덮고 강한 불에 조린 후 통깨 1큰술을 뿌려 마무리합니다.

※ 바글바글 끓으면 뚜껑을 열고 양념물을 끼얹으면서 계속 조리세요.

오징어볶음

맛집 10g

재료

오징어 2마리, 당근 40g, 양파 150g, 대파 80g, 고추 4개,

배즙 50㎖, 고추장 1큰술, 생강청 20g, 다진 마늘 30g,

진간장 4큰술, 고춧가루 20g, 설탕 20g, 식용유 1큰술,

참기름 1큰술, 통깨 약간

---

1. 오징어는 내장과 이빨, 뼈를 제거하고 몸통과 다리, 머리 부분을 분리해 손질한 후 흐르는 물에 씻은 다음 키친타월을 이용해 물기를 제거합니다.

2. 몸통 부분의 껍질을 벗깁니다.

※ 끝부분에 칼집을 살짝 내고 마른 면보로 밀어내며 껍질을 벗기면 쉬워요.

3. 부드러운 안쪽에 사선으로 잘게 우물정(#) 자 모양의 칼집을 낸 다음 먹기 좋은 크기로 자릅니다.

4. 오징어 머리와 다리도 먹기 좋은 크기로 자릅니다.

5. 당근은 직사각형으로 편 썰고, 양파는 두껍게 채 썰어줍니다. 대파와 고추는 어슷 썰어줍니다.

※ 양파와 당근은 취향에 따라 가감하세요.

6. 볼에 배즙 50㎖, 고추장 1큰술, 생강청 20g, 다진 마늘

30g, 진간장 4큰술, 고춧가루 20g, 설탕 20g을 섞어 양념장을 만듭니다.

※ 배즙이 없다면 물을 넣으세요.

7. 달군 팬에 식용유 1큰술을 두르고 ④를 넣어 강한 불로 볶습니다.

8. 오징어가 오그라들면 당근을 넣어 볶습니다.

9. 양념장을 넣고 불을 줄인 후 나머지 손질한 채소를 넣고 중간 불로 볶습니다.

10. 통깨 약간, 참기름 1큰술을 넣고 볶은 후 그릇으로 옮겨 담습니다.

※ 완성되면 그릇으로 바로 옮기세요. 팬에 그대로 두면 물이 생겨요.

청경채나물

맛집 110

재료

청경채 800g, 다진 대파 20g, 다진 홍고추 2개분, 참기름 1큰술, 소금 약간, 다진 마늘 1큰술, 통깨 1큰술

※ 제사에 쓸 때는 다진 대파와 다진 마늘은 빼세요.

1. 청경채는 밑동을 잘라내고 잎을 분리합니다.

※ 큰 잎은 길게 반으로 잘라주세요.

2. 손질한 청경채는 흐르는 물에 씻은 후 채반에 밭쳐 물기를 제거합니다.

3. 끓는 물에 살짝 찝니다.

4. 청경채의 숨이 죽으면 위아래를 한번 뒤집어 살짝 더 찐 후 넓은 접시에 옮겨 한 김 식힙니다.

5. 한 김 식힌 청경채는 물기를 짭니다.

6. 볼에 다진 대파, 홍고추, 청경채, 소금 약간, 다진 마늘 1큰술, 통깨 1큰술, 참기름 1큰술을 넣고 무칩니다.

※ 치대지 말고 살살 무치세요. 간을 보고 싱거우면 소금을 더해도 됩니다. 통깨는 빻아서 넣으세요.

무생채

맛집 III

재료

무 1kg, 설탕 1큰술, 식초 60㎖, 멸치액젓 2큰술, 대파 40g, 새우젓 1큰술, 다진 마늘 1큰술, 생강청 20g, 통깨 약간, 고운 고춧가루 1큰술, 굵은 고춧가루 1큰술

1. 무는 채칼로 채 치고, 대파 파란 부분은 어슷 썰기 합니다.

※ 무는 파란 부분을 사용하세요.

2. 무에 설탕 1큰술, 식초 60㎖를 넣어 10분 정도 절인 후 물기를 살짝 짭니다.

※ 너무 오래 절이면 무의 신선함이 사라져요.

3. 볼에 물기 짠 무, 고운 고춧가루 1큰술, 굵은 고춧가루 1큰술을 넣어 버무립니다.

※ 고춧가루는 취향에 따라 가감하세요.

4. ③에 대파, 생강청 20g, 다진 마늘 1큰술, 멸치액젓 2큰술, 새우젓 1큰술을 넣고 버무립니다.

5. ④에 통깨를 약간 넣어 마무리합니다.

※ 식탁에 낼 때 참기름 한 방울을 더해 무쳐 내도 좋아요.

감자조림

맛집 112

재료

감자 600, 당근 100g, 물 200㎖, 다진 마늘 20g, 진간장 3큰술, 고추장 40g, 들기름 3큰술, 설탕 1큰술, 물엿 20g, 대파 100g, 통깨 1큰술

1. 감자는 껍질을 벗기고 먹기 좋은 크기로 자른다. 당근은 감자보다 작은 크기로 자르고 대파는 어슷 썰기 합니다.

2. 손질한 감자와 당근은 끓는 물에 살짝 데친 후 건져냅니다.
※ 감자는 표면만 살짝 익히면 됩니다. 살짝 데치면 전분 막이 생기면서 표면이 단단해져 부서지지 않아요.

3. 볼에 물 200㎖, 다진 마늘 20g, 진간장 3큰술, 고추장 40g, 들기름 3큰술, 설탕 1큰술, 물엿 20g을 섞어 양념물을 만듭니다.

4. 팬에 데친 감자와 당근을 넣고 ③을 냄비에 부어 강한 불에 조립니다.
※ 중간중간 양념물을 끼얹으면서 조려주세요.

5. 양념물이 자작해질 때까지 조린 후 통깨 1큰술, 어슷 썬 대파를 넣어 섞습니다.
※ 양념물이 자작해질 때 간을 보세요. 달달한 감자조림을 원한다면 설탕 ½큰술을 추가하고, 싱겁게 느껴진다면 진간장을 더 넣으세요.

고등어 무조림

맛집 113

재료

고등어 2마리, 무 400g, 양파 200g, 대파 50g, 고추 4개, 다시마 1장, 물 500㎖, 진간장 3큰술, 고추장 1큰술, 들기름 2큰술, 고춧가루 2큰술, 설탕 1큰술, 다진마늘 20g, 생강청 10g

1. 고등어는 아가미를 제거하고 3~4조각으로 토막 내 씻은 후 채반에 밭쳐둡니다.

※ 고등어는 잘랐을 때 살이 불그스름하고, 껍질 선이 분명하면서 새파란 것이 싱싱해요.

2. 무는 큼직하게 반달썰기하고 양파는 큼직하게 채 썰고, 고추와 대파는 어슷 썰기 합니다.

3. 냄비 바닥에 무를 깔고 다시마 1장을 올린 후 물 250㎖, 진간장 2큰술, 고추장 ½큰술을 넣고 끓입니다.

※ 처음 10분은 강한 불에서, 그 후 5분은 약한 불에서 끓여주세요.

4. 볼에 물 250㎖, 진간장 1큰술, 들기름 2큰술, 고춧가루 2큰술, 설탕 1큰술, 다진 마늘 20g, 생강청 10g, 고추장 ½큰술을 섞어 양념장을 만듭니다.

5. ③에 ①의 고등어, ②의 고추와 대파, 양파, ④의 양념장을 넣고 뚜껑을 덮어 강한 불에 끓입니다.

6. 끓어오르면 중약불로 줄이고, 뚜껑을 열어 양념물을 끼얹어주며 국물이 자작할 때까지 조립니다.

배추김치

맛집
114

재료

배추 5kg, 물 12L + 200㎖, 소금 800g, 홍고추 400g,

무 1.4kg, 쪽파 200g, 고춧가루 200g, 다진 마늘 80g,

생강청 40g, 멸치액젓 80㎖, 새우젓 100g, 설탕 1큰술

1. 배추는 심지 부분에 십자(+)로 칼집을 냅니다.

2. 물 12L에 소금 800g을 푼 후 배추를 담가 3시간 가량 절입니다. **※ 1시간 정도 후 칼집 낸 부분을 손으로 잡고 찢어 4등분합니다. 미지근한 물을 사용하면 절이는 시간을 단축할 수 있어요. 1시간에 한 번 정도 위아래를 뒤집어주고 잎이 부들부들하면 다 절여진 거예요. 줄기까지 절이면 짜져서 간을 맞추기 힘드니 조심하세요.**

3. 다 절여지면 채반에 엎어두어 소금물을 빼고 흐르는 물에 씻은 후 채반에 밭쳐 물기를 뺍니다.

4. 홍고추는 길게 반으로 갈라 씨를 빼고 물 200㎖를 더해 믹서에 갈아줍니다.

5. 무는 채 썰고 쪽파는 손가락 길이로 썰어줍니다.

6. 볼에 손질한 무와 쪽파, 고춧가루 200g, ④의 홍고추, 다진 마늘 80g, 생강청 40g, 멸치액젓 80㎖, 새우젓 100g, 설탕 1큰술을 넣고 고루 버무립니다.

7. 배추 사이사이에 ⑥을 넣습니다.
※ 기본 간은 되어 있어요. 다음 날 국물을 맛보고 싱겁다면 새우젓이나 멸치액젓, 소금을 넣어 간을 더하세요.

8. 실온에 12시간 정도 둔 후 김치냉장고에 넣어 2주 정도 천천히 숙성시킵니다.

고추장 어묵볶음

맛집 115

재료

어묵 400g, 양파 200g, 쪽파 100g, 다진 마늘 40g, 식용유 2큰술, 물엿 2큰술, 진간장 1큰술, 고추장 2큰술, 설탕 1큰술, 생강청 20g, 고춧가루 ½큰술, 참기름 1큰술, 통깨 1큰술

1. 어묵은 1cm 폭으로 길게 채 썰어줍니다. 양파는 채 썰고, 쪽파는 손가락 길이로 썰어줍니다.

2. 끓는 물에 어묵을 살짝 데친 후 건져냅니다.

※ 어묵을 데치면 기름기가 제거되고 보들보들해져요. 단, 어묵이 퍼지도록 오래 삶지 마세요.

3. 팬에 식용유 2큰술, 물엿 2큰술, 진간장 1큰술, 고추장 2큰술, 설탕 1큰술을 넣어 고루 섞습니다.

4. 강한 불로 올려 끓기 시작하면 생강청 20g, 다진 마늘 40g, 고춧가루 ½큰술을 넣어서 섞습니다.

5. ④에 양파와 어묵을 넣고 볶습니다.

6. 불을 끄고 쪽파를 넣고 섞습니다.

7. 통깨 1큰술, 참기름 1큰술을 넣어 섞은 후 마무리합니다.

무정과

맛집 116

재료

무 3kg, 갱엿 900g

1. 깨끗이 씻은 무를 3~4등분한 후 1cm 두께로 썰어줍니다.

※ 갱엿을 넣으면 졸아드니 도톰하게 써는 것이 좋아요.

2. ①을 냄비에 넣고 그 위에 갱엿을 넣은 후 뚜껑을 덮고 강한 불로 익힙니다.

3. 무에서 물이 나오기 시작하면 뚜껑을 열고 중약불로 낮춘 후 갱엿을 녹이면서 조립니다.

4. 흥건하게 물이 나오면 다시 강한 불로 조립니다.

※ 아래위를 한 번씩 뒤적여주세요.

5. 국물을 떠서 흘렸을 때 주르륵 흐르면 강한 불로 조금 더 조립니다.

6. 국물을 떠서 흘렸을 때 꾸덕한 느낌이 나면 불을 끄고 5시간 이상 실온에서 식힙니다.

※ 5시간 후 물이 생기면 다시 한번 졸여더 쫀득하게 드세요. 냉장 보관해도 잘 떨어져요.

무말랭이

맛집 117

재료

건무말랭이 300g(2시간 정도 불린 후 1시간 정도 채반에 올려 물을 빼주세요), 건고춧잎(선택) 60g(무말랭이와 같은 방법으로 불린 후 물을 빼주세요), 고춧가루 200g,

통깨 약간, 찹쌀풀(찹쌀가루 150g + 물 800㎖), 멸치액젓 100㎖, 진간장 100㎖, 생강청 1큰술, 설탕 50g(취향에 따라 가감하세요), 물엿 200㎖, 다진 마늘 2큰술(수북이)

1. 건무말랭이와 건고춧잎을 물에 불려 준비합니다.

2. 볼에 분량의 찹쌀풀, 멸치액젓, 진간장, 물엿, 다진 마늘, 생강청, 고춧가루, 설탕을 넣고 손으로 섞습니다.

※ 양념이 뚝뚝 떨어지는 질감이어야 해요. 물엿이 없으면 조청을 넣어도 됩니다.

3. ②에 무말랭이를 넣고 양념이 고루 잘 묻도록 버무립니다.

4. ③에 고춧잎을 넣고 양념이 고루 묻도록 버무립니다.

5. 통깨를 약간 뿌리고 버무린 후 마무리합니다.

※ 싱겁다면 취향에 따라 천일염을 더하세요.

파래무침

멸치액젓파래무침 재료

파래 100g, 멸치액젓 4큰술(시판 액젓은 물과 1:1로 희석해 사용하세요), 다진 마늘 약간, 송송 썬 쪽파 또는 대파 흰 대 부분 약간, 고춧가루 ½큰술, 통깨 약간

식초파래무침 재료

파래 100g, 소금 ½큰술, 설탕 1큰술, 채 썬 무 약간, 채 썬 당근 약간, 식초 3큰술(가지고 있는 식초 맛에 따라 가감하세요)

1. 파래 200g을 채반에 밭친 후 흐르는 물에 주무르면서 깨끗하게 씻습니다.

※ 파란 물이 거의 없어질 때까지 세 번 정도 씻어주세요.

2. ①의 물기를 꼭 짠 다음 먹기 좋은 크기로 썰어줍니다.

3-1. 멸치액젓파래무침

손질한 파래 100g에 멸치액젓 3큰술을 넣어 간한 후 물기를 짭니다. 볼에 ③의 파래와 다진 마늘 약간, 고춧가루 ½큰술, 통깨 약간, 송송 썬 쪽파 또는 대파 흰 대 부분을 넣고 무칩니다.

※ 멸치액젓으로 마지막 간을 하세요.

3-2. 식초파래무침

손질한 파래 100g에 식초 3큰술, 설탕 1큰술, 소금 ½큰술, 채 썬 당근과 무를 약간씩 넣고 무쳐 물기를 살짝 짠 후 접시에 옮깁니다.

미역줄기 볶음

맛집 119

재료

미역줄기 300g, 홍고추 1개, 청양고추 2개, 들기름 2큰술,

다진 마늘 약간, 대파 약간, 통깨 약간, 생강청 약간

1. 미역줄기를 미지근한 물에 한번 헹군 후 채반에 밭쳐 흐르는 물에 세 번 정도 씻은 다음 20분 정도 찬물에 담가둡니다.

※ 미역줄기는 구입 시 소금에 절여져 있는데, 소금기를 뺀다고 너무 많이 씻으면 맛이 없어져요.

2. ①의 물기를 꼭 짜 먹기 좋은 크기로 자릅니다.

3. 홍고추와 청양고추, 대파는 잘게 다집니다.

※ 홍고추가 없다면 빼거나 당근을 채 썰어 넣어도 좋아요.

4. 예열된 팬에 ②와 생강청 약간을 넣고 중약불에서 볶습니다.

※ 수분을 잘 날려주어야 미역 비린내가 안 나요. 생강청이 없다면 소주를 조금 넣어도 좋아요.

5. 미역 비린내가 올라올 때까지 볶은 후 들기름 2큰술, 다진 마늘 약간을 넣고 버무린 후 중약불에서 살짝 볶습니다.

※ 이때 간을 보고 싱겁다면 국간장이나 소금을 조금 더 넣으세요.

6. 불을 끄고 다진 고추와 대파, 통깨 약간을 넣고 내부 열로 볶습니다.

명태 껍질볶음

맛집 120

재료

손질한 명태 껍질 60g, 배즙 50㎖, 진간장 3큰술, 고추장 1큰술, 생강청 약간, 통깨 약간, 참기름 약간, 물엿 2큰술, 다진 고추 1큰술 또는 고추 2개, 다진 마늘 1큰술

1. 명태 껍질은 손질한 후 큼직하게 자릅니다.

2. 찬물에 ①을 두 번 씻고 물기를 짠 후 키친타월을 이용해 물기를 완전히 제거합니다.

※ 물기가 없어야 볶았을 때 바삭하고 쫄깃해요.

3. 팬에 명태 껍질을 넣고 껍질이 동그랗게 말릴 때까지 강한 불에서 덖습니다.

4. ③을 채반으로 옮겨 한 김 식힙니다.

5. 팬에 배즙 50ml, 진간장 3큰술, 고추장 1큰술, 생강청 약간, 다진 마늘 1큰술, 물엿 2큰술을 넣고 골고루 섞으며 강한 불에서 조립니다.

※ 배즙이 없다면 물에 설탕을 더해 넣어도 됩니다.

6. 양념이 끓어오르고 살짝 조려지면 ④를 넣고 약한 불에 볶습니다.

7. 양념이 골고루 잘 배면 불을 끄고 다진 고추 1큰술과 통깨 약간, 참기름 약간을 넣어 내부 열로 볶습니다.

양배추절임

맛집 121

재료

양배추 2kg, 굵은소금 2+½큰술, 월계수 잎 2장, 물 1.5L, 설탕 2큰술

1. 양배추를 먹기 좋은 크기(2cm 정도)로 자른 후 다시 사선으로 잘라 물에 깨끗이 씻습니다.

※ **양배추를 살 때는 단단하고 탱글탱글한 것으로 고르세요.**

2. 볼에 ①을 담아 굵은소금 2큰술을 넣고 40분간 절입니다.

3. 냄비에 물 1L와 월계수 잎 2장을 넣고 끓인 후 물이 팔팔 끓어오르면 불을 끕니다.

※ **떫은맛이 날 수 있으니 월계수 잎은 2장만 넣으세요.**

4. 40분간 소금에 절인 ②를 세게 치대줍니다.

5. 보들보들해진 ④의 양배추를 물에 씻은 후 채반에 담아 물기를 제거합니다.

6. 물기를 제거한 양배추를 보관통에 담고 ③의 식은 월계수 잎 물과 물 500㎖, 설탕 2큰술, 굵은소금 ½큰술을 넣고 섞어 뚜껑을 덮습니다. 하루 정도 실온에 보관했다 냉장고에 넣습니다.

※ **간을 본 후 싱거우면 소금을 좀 더 추가합니다.**

PART 03

국·찌개 외

오징어찌개

맛집 122

재료

오징어 3마리, 표고버섯 40g, 감자 100g, 양파 150g, 대파 60g, 애호박 100g, 물 500㎖, 고추장 2큰술, 고춧가루 ½큰술, 다진 마늘 1큰술, 멸치액젓 1큰술

1. 손질한 오징어는 2cm 크기로 자릅니다.

2. 양파는 1cm 길이로 채썰기 합니다.

3. 표고버섯은 두툼하게 통썰기 합니다.

4. 애호박, 감자는 반달썰기 합니다.

5. 대파는 어슷썰기 합니다.

6. 냄비에 물, 고추장을 넣고 불을 켭니다.

※ 찌개를 할 때는 국물을 한 번에 많이 잡지 말고 나중에 물을 맞춥니다.

7. ⑥에 손질한 재료(오징어는 제외)를 모두 넣어 뚜껑을 덮고 한소끔 끓입니다.

8. 오징어와 다진 마늘, 고춧가루, 멸치액젓을 넣어 완성합니다.

※ 오징어를 오래 끓이지 않는 게 포인트입니다.

호박국

재료

조선호박 1kg, 대파 40g, 홍고추 1개, 물 1L, 국간장 ½큰술, 새우젓 1큰술

1. 조선호박은 속을 제거한 뒤 3cm 두께로 썰어줍니다.

2. 대파, 홍고추는 총총 썰기 합니다.

3. 냄비에 ①과 물을 넣은 뒤 뚜껑을 덮고 한소끔 끓입니다.

※ **호박이 많고 물이 적은 듯해야 맛있습니다.**

4. 새우젓을 넣고 5분 정도 더 끓입니다.

※ **호박이 뭉개질 때까지 끓입니다.**

5. 대파와 홍고추, 국간장을 넣어 완성합니다.

소고기미역국

맛집 124

재료

건미역 30g, 소고기 우둔살 200g, 국간장 2큰술, 다진 마늘 ½큰술, 물 1.5L, 참기름 2큰술

1. 건미역은 찬물에 30분 정도 담가 놓습니다.

2. ①을 찬물에 바락바락 치대면서 씻어 물기를 뺍니다.

3. 우둔살은 깍둑썰기 합니다.

4. 냄비에 ②, ③을 넣고 참기름, 국간장, 다진 마늘을 넣어 살짝 볶습니다.

5. ④에 물(500㎖)을 넣고 뚜껑을 덮어 끓입니다.

6. 한소끔 끓어오르면 물(1000㎖)을 추가해 끓입니다.
※ 이때 맛을 보고 입맛에 맞춰 간을 맞춥니다.

7. 10분 정도 뭉근히 끓여 완성합니다.

얼큰 콩나물국

재료

콩나물 300g, 대파 150g, 다진 마늘 10g, 고춧가루 1큰술, 참기름 2큰술, 멸치 국물 1500㎖, 국간장 1큰술

1. 콩나물은 씻어서 소쿠리에 밭쳐 물기를 뺍니다.

2. 대파(20g)는 총총 썰기 합니다.

3. 냄비에 멸치 국물, 대파(130g)를 넣어 뚜껑을 덮고 한소끔 끓입니다.

4. ③을 체망에 걸러줍니다.

5. 냄비에 콩나물을 넣고 참기름, 국간장, 고춧가루, 다진 마늘을 넣어 볶습니다.

※ 고춧가루가 살짝 타는 듯한 냄새가 올라올 때까지 볶습니다.

6. ⑤에 ④를 넣고 한소끔 끓입니다.

※ 뚜껑을 덮지 마세요.

7. 총총 썬 대파를 넣어 완성합니다.

배추된장국

재료

배추 1kg, 멸치 국물 1.5L, 쌀뜨물 500㎖, 대파 100g, 된장 1큰술, 고추장 ½큰술, 다진 마늘 1큰술

1. 냄비에 멸치 국물, 쌀뜨물, 대파를 넣은 뒤 냄비 뚜껑을 덮고 한소끔 끓입니다.

2. 국물이 끓으면 ①의 대파를 건져 냅니다.

3. ②에 된장, 고추장, 배추를 넣은 뒤 뚜껑을 덮고 끓입니다.
※ **배추는 칼로 썰지 말고 손으로 뚝뚝 찢어서 넣습니다.**

4. 끓어오르면 다진 마늘을 넣고 묽게 달이듯 끓여서 완성합니다.

북엇국

맛집 127

재료

북어채 100g, 무 500g, 다진 마늘 ½큰술, 대파 210g, 고추 1개, 참기름 2큰술, 쌀뜨물 1.5L, 물 500㎖, 국간장 2큰술

1. 북어채는 찬물에 아주 살짝 적시는 정도로 담가 물기를 꼭 짠 뒤 먹기 좋은 크기로 자릅니다.

2. 무는 어슷썰기 합니다.

3. 대파(10g)는 총총 썰기 합니다.

4. 고추는 어슷썰기 합니다.

5. 냄비에 북어채와 무, 참기름을 넣고 살짝 볶습니다.

6. ⑤에 쌀뜨물, 대파(200g), 국간장을 넣고 뚜껑을 덮어 푹 끓입니다.

※ **대파는 다 끓인 후 건져냅니다.**

7. 한소끔 끓으면 다진 마늘과 물을 넣고 뭉근히 달인 후 고추를 넣어 완성합니다.

어묵탕

맛집 128

재료

어묵 600g, 멸치 국물 2L, 배추 200g, 무 200g, 마늘 30g, 대파 1대, 다시마 10g, 쑥갓 30g, 청양고추 5개, 진간장 1큰술

1. 국물에 사용할 배추, 무, 대파를 썰어줍니다.

2. 냄비에 멸치 국물, 다시마, 배추, 대파를 넣어 한소끔 끓입니다.

3. ②가 한소끔 끓으면 멸치, 다시마, 배추, 대파를 건져내고 무, 마늘을 넣어 국물을 끓입니다.
※ **멸치를 오래 끓이면 국물이 탁해집니다.**

4. 어묵은 꼬치에 꽂습니다.

5. 끓는 물에 ④를 데쳐 준비합니다.

6. ③에 데친 어묵 꼬치를 넣고 청양고추, 진간장을 넣어 끓입니다.

7. 쑥갓을 넣어 완성합니다.

콩나물냉국

맛집 129

재료

콩나물 300g, 대파 100g, 청양고추 3개, 물 2.5L, 국간장 1큰술, 소금 약간

1. 냄비에 물, 대파, 청양고추를 넣어 끓입니다.

2. ①이 끓어오르면 대파, 청양고추를 건져내고 콩나물을 넣어 뚜껑을 열고 끓입니다.

3. ②에 국간장, 소금으로 간하고 콩나물 냄새가 올라오면 불을 꺼 완성합니다.

4. ③을 완전히 식혀 냉장고에 보관합니다.

5. 먹을 때 대파와 고추를 고명으로 올립니다.

쑥국

맛집 130

재료

쑥 100g, 무 100g, 다시마 1장, 멸치 국물 500㎖, 생콩 가루 10g, 찹쌀가루 10g, 된장 100g

1. 쑥은 떡잎을 제거하고 흐르는 물에 두 번 정도 헹군 후 채반에 받쳐 물기를 제거합니다.

2. 무는 빗어 썰어줍니다.

※ 한쪽 면은 얇게, 반대쪽 면은 두툼하게 썰어줍니다.

3. 다시마는 마른 천으로 겉을 닦습니다.

4. 냄비에 멸치 국물을 넣고 강한 불로 끓입니다.

※ 멸치 국물은 물에 멸치를 넣어 하루 동안 우려내 만들어두었어요.

5. 물이 끓어오르면 멸치는 건져내고 다시마와 무를 넣고 다시 한소끔 끓입니다.

6. 볼에 쑥과 생콩가루 10g, 찹쌀가루 10g을 넣고 골고루 묻힙니다.

7. 국물이 끓어오르면 다시마를 건져냅니다.

8. 거름망으로 된장을 풉니다.

※ 된장은 집마다 맛이 다르니, 취향에 따라 가감하세요.

9. 팔팔 끓어오르면 ⑥을 넣습니다.

10. 한번 더 끓어오르면 거품을 걷어냅니다.

오이미역냉국

맛집 131

재료

오이 330g, 양파 80g, 대파 30g, 고추 20g, 미역 10g, 다진 마늘 ½큰술, 국간장 1큰술, 소금 약간, 2배 식초 2큰술, 통깨 약간, 얼음 약간, 물 500㎖

1. 미역은 볼에 담아 찬물에 불립니다.

2. 오이는 깨끗하게 씻은 후 도톰하게 채 썰고, 양파는 최대한 얇게 채 썰어줍니다. 대파와 고추는 송송 썰어줍니다.

※ 고추씨는 털어주세요.

3. 채반에 ①을 밭쳐 흐르는 물에 주무르듯 깨끗하게 씻은 후 물기를 짭니다.

4. 볼에 ③과 다진 마늘 ½큰술, 국간장 1큰술, 소금 약간을 넣고 조물조물 무칩니다.

5. ④에 ②와 얼음 약간, 물 500㎖와 2배 식초 2큰술을 넣고 섞습니다.

6. 소금 약간과 통깨 약간을 넣어 마무리합니다.

※ 국물이 모자란다 싶으면 물을 더 넣고, 싱겁다면 소금을 더해 간을 맞추세요.

가지냉국

맛집 132

재료

가지 700g, 대파 30g, 마늘 20g, 고춧가루 1큰술, 참기름 1큰술, 국간장 1큰술, 통깨 1큰술, 소금 ½큰술, 얼음 약간

1. 가지는 깨끗이 씻은 후 꼭지를 잘라내고 길게 4등분합니다.
※ 너무 긴 가지는 반으로 잘라 4등분하세요.

2. ①을 껍질 부분이 찜기 바닥에 닿도록 담아 끓는 물에 찝니다.
※ 가지가 익으면 바로 꺼내지 말고 뚜껑을 덮어 잠시만 두었다 꺼내세요.

3. 가지를 찌는 동안 대파는 송송 썰고 마늘은 채 썰기 합니다.

4. 익은 가지는 넓은 접시에 펼쳐 담아 한 김 식힌 후 먹기 좋은 크기로 찢습니다.

5. 볼에 ④와 고춧가루 1큰술, 참기름 1큰술, 국간장 1큰술, 통깨 1큰술을 넣고 살살 무칩니다.

6. ⑤에 ③을 넣고 무칩니다.
※ 이 상태로 가지나물로 먹어도 됩니다.

7. 얼음을 넣고 한번 섞어준 후 덜어 먹을 그릇으로 얼음과 가지나물을 옮깁니다.

8. 남은 양념물에 취향껏 물을 넣고 소금 ½큰술을 더해 섞은 후 ⑦의 그릇에 적당량을 부어 마무리합니다.
※ 국물 간을 보고 싱거우면 소금을 더하세요.

닭개장

맛집 133

재료

닭 1.2k, 대파 250g, 통마늘 15알, 생강 30g , 물 3L, 무 400g, 토란대·생숙주 200g, 참기름 85㎖+1큰술, 고춧가루 120g +1큰술, 국간장 60㎖, 다진 마늘 2큰술, 후춧가루 약간

1. 닭은 깨끗이 씻은 후 기름 부위를 잘라냅니다.

2. 냄비에 닭, 대파 150g, 통마늘 15알, 생강 30g, 물 3L를 넣고 뚜껑을 덮어 강한 불에 1시간 정도 끓입니다.

3. 무는 돌려가며 어슷하게 빗어 썰고 대파 100g은 길게 자릅니다. 토란대는 숭덩숭덩 썬 후 손으로 얇게 찢습니다.

※ 무는 나박 썰어도 됩니다.

4. ②의 닭이 익으면 건져내 한 김 식히고, 육수는 면보로 거릅니다. **※ 닭을 젓가락으로 찔렀을 때 핏물이 안 나오면 다 익은 거예요.**

5. 냄비에 ③의 무와 참기름 85㎖, 고춧가루 120g을 넣고 볶습니다.

6. 토란대, 국간장 60㎖를 넣고 볶다가 거른 육수 반을 넣고 뚜껑을 덮어 강한 불로 끓입니다.

※ 국간장 대신 소금으로 간해도 됩니다.

7. ⑥을 끓이는 동안 한 김 식힌 닭은 살을 발라냅니다.

8. 볼에 닭고기 살, 다진 마늘 2큰술, 고춧가루 1큰술, 참기름 1큰술, 대파, 후춧가루 약간을넣어 무칩니다.

9. ⑥이 끓어오르면 숙주 200g, ⑧과 남은 육수를 마저 넣고 뚜껑을 열어 한소끔 끓입니다.

청국장

맛집 134

재료

청국장 200g, 홍고추 2개, 돼지고기 100g, 묵은지 200g,

대파 1대(큰 것), 다진 마늘 1큰술, 물 600㎖, 두부 ½개

1. 냄비에 물 300㎖를 붓고 강한 불에 끓입니다.

2. 돼지고기는 기름 부위를 잘라낸 후 먹기 좋은 크기로 깍둑 썰어줍니다.

※ 소고기로 대체해도 괜찮아요. 고기 양은 취향에 따라 가감하세요.

3. 묵은지는 먹기 좋은 크기로 썰고 두부는 원하는 크기로 깍둑 썰어줍니다. 대파와 홍고추는 어슷썰기 합니다.

※ 홍고추는 없으면 생략해도 됩니다.

4. ①의 물이 끓어오르면 돼지고기와 묵은지를 넣어 뚜껑을 열고 강한 불로 끓입니다.

5. 끓어오르면 청국장 200g, 대파, 다진 마늘 1큰술을 넣습니다.

6. 다시 끓어오르면 물 300㎖를 붓습니다.

※ 물은 취향에 따라 가감하세요.

7. 한번 더 끓기 시작하면 두부와 홍고추를 넣고 국물이 걸쭉해질 때까지 끓입니다.

※ 간을 보고 싱겁다면 천일염이나 국간장을 조금 추가하세요.

동치미

맛집 135

재료

무 2kg, 마늘 60g, 홍고추 6개, 쪽파 50g, 물 3L, 밀가루 (중력분) 30g, 생강 20g, 소금 70g, 설탕 50g

1. 물 500㎖에 밀가루 30g을 풉니다.

※ 멍울이 없도록 잘 개주세요.

2. ①을 냄비에 넣고 살살 저어주며 끓이다가, 한소끔 끓어오르면 불을 끄고 식힙니다.

3. 무는 1×1×4cm 크기로 썰어줍니다.

4. 마늘과 생강은 얇게 편 썰고 홍고추는 어슷 썰기 합니다.

5. 쪽파는 깨끗이 씻은 후 물기를 빼 준비합니다.

6. 그릇에 ④의 손질한 마늘, 생강, 홍고추, 물 2.5L, ②의 식은 밀가루풀, 소금 70g, 설탕 50g을 넣고 살살 섞습니다.

※ 소금이 잘 녹도록 저어주세요.

7. 김치통 바닥에 쪽파를 먼저 깔고 무를 담습니다.

8. ⑥의 양념을 부어 마무리합니다.

달걀국

맛집 136

재료

대파 50g, 물 800㎖, 달걀 5개, 소금 약간, 새우젓 약간

1. 대파 흰부분 중 일부는 송송 썰고, 나머지는 큼직하게 2~3 등분합니다.

2. 냄비에 물 800㎖와 큼직하게 썬 대파를 넣고 강한 불로 끓입니다.

※ 달걀국은 물로만 끓여야 맛있어요. 멸치 국물을 넣으면 달걀국 특유의 시원한 맛이 사라집니다.

3. 볼에 달걀, 소금 약간을 넣고 풀어 달걀물을 만듭니다.

4. ②가 끓어오르고 대타 향이 올라오면 대파를 건져냅니다.

※ 취향에 따라 대파를 그대로 두어도 괜찮아요.

5. ④의 끓은 대파 국물에 달걀물을 체망에 거르며 풀어줍니다.

※ 달걀이 다 익기 전에 젓지 마세요. 국물이 뻑뻑해집니다.

6. 달걀이 몽글몽글 익으면 살살 저어줍니다.

※ 계속 강한 불로 끓입니다.

7. 새우젓을 약간 넣고 불을 끈 후 송송 썬 대파를 넣습니다.

※ 새우젓이 없으면 소금이나 국간장으로 간해도 됩니다.

소고깃국

맛집 137

재료

무 600g, 삶은 고사리 90g, 우둔살 300g, 참기름 2큰술, 대파 80g, 다시마 1개, 다진 마늘 1큰술, 국간장 2큰술, 물 1L, 후춧가루 ½큰술, 불린 당면 약간, 굵은 고춧가루 2큰술

1. 무는 빗어 썰고 삶은 고사리는 먹기 좋은 크기로 자릅니다. 대파는 길게 편 썰기 합니다. **※ 삶은 고사리는 없으면 생략해도 됩니다.**

2. 우둔살은 도톰하게 깍둑 썰어줍니다.

※ 우둔살 대신 양지나 등심 등 기름기 없는 부위를 사용해도 됩니다.

3. 냄비에 무, 우둔살, 삶은 고사리, 참기름 2큰술을 넣고 강한 불로 살짝 볶습니다.

4. 고기가 살짝 익으면 약한 불로 줄이고 고춧가루 2큰술을 넣어 고추기름 내듯 볶습니다.

5. 국간장 2큰술을 넣고 볶다가 무의 숨이 죽으면 물 500㎖와 대파, 다시마 1개를 넣고 뚜껑을 덮어 강한 불로 한소끔 끓입니다.

6. 끓어오르면 물 500㎖, 다진 마늘 1큰술, 후춧가루 ½큰술을 넣고 뚜껑을 덮어 끓입니다.

※ 취향에 따라 물 양과 고춧가루를 가감하세요.

7. 다시 끓어오르면 다시마는 건져내고, 거품을 걷어낸 후 10분 정도 약한 불에 끓입니다.

※ 간을 보고 싱거우면 국간장 1큰술이나 소금을 취향에 따라 추가하세요. 덜어 먹을 그릇에 당면을 넣고 완성된 소고기국을 덜어내 드시면 됩니다. 당면은 뜨거운 물에 담가 보들보들해지면 건져내 사용하세요. 없으면 생략해도 됩니다.

배추 된장국

맛집 138

재료

물 1.5L, 멸치 30g, 쌀뜨물 500㎖, 대파 1대, 된장 1큰술, 고추장 ½큰술, 배추 적당량, 다진 마늘 1큰술, 건고추(선택) 1개

1. 물 1.5L에 멸치 30g을 넣고 4시간 동안 우린 멸치 국물과 쌀뜨물 500㎖, 대파 1대를 냄비에 함께 넣고 끓입니다.

※ 뚜껑을 닫아주세요.

2. 펄펄 끓기 시작하면 뚜껑을 열어 대파와 멸치를 건져냅니다.

3. ②에 된장 1큰술, 고추장 ½큰술을 넣고 잘 풀어줍니다.

4. ③에 배추를 적당한 크기로 찢어 넣은 후 뚜껑을 닫아 푹 끓입니다.

※ 칼로 잘라도 좋고, 손으로 찢어도 좋아요. 배추 양은 취향에 따라 가감하세요.

5. 배추의 숨이 죽으면 뚜껑을 열고 위아래를 뒤집어주면서 끓입니다.

※ 이때 국물의 양이 너무 적다면 물이나 쌀뜨물을 조금씩 더 부어주세요.

6. ⑤에 다진 마늘 1큰술을 넣고 뚜껑을 닫은 후 약한 불로 줄여 배추가 부드러워질 때까지 달이듯 계속 끓입니다.

※ 취향에 따라 불을 끄기 직전에 건고추를 썰어 넣으세요.

굴국

맛집 13g

재료

굴 150g, 소금 약간 + ½큰술, 무 300g, 대파(흰 부분) 1개, 홍고추 1개, 물 1L

1. 소금 약간으로 굴을 조물조물 버무리며 씻습니다.

※ 깨끗하게 씻어야 굴국이 말개집니다.

2. ①을 흐르는 물에 세 번 정도 헹군 후 채반에 밭쳐 물기를 뺍니다.

3. 대파 흰 부분과 홍고추는 얇게 송송 썰고 무는 채칼로 채 썰어줍니다.

※ 홍고추는 취향에 따라 빼도 됩니다. 홍고추 대신 마른 고추나 청양고추를 이용해도 좋아요.

4. 끓는 물 1L에 채 썬 무를 넣고 강한 불에서 한소끔 끓입니다.

5. 끓어오르면 굴을 넣고 한소끔 더 끓입니다.

6. 거품을 걷어내고 소금 ½큰술을 넣습니다.

※ 취향에 따라 소금의 양을 가감하세요.

7. 손질한 대파와 고추를 넣고 마무리합니다.

콩비지찌개

맛집 140

재료

콩(6시간 동안 물에 불려요) 200g, 대파 60g, 돼지고기 앞다리살 300g, 묵은지 500g, 물 1.6L, 들기름 70㎖, 다진 마늘 30g, 국간장 1큰술

1. 대파는 어슷 썰고 돼지고기 앞다리살과 묵은지는 먹기 좋은 크기로 썰어줍니다.

2. 물에 불린 콩은 깨끗이 씻은 다음 물 600㎖를 더해 믹서에 갈아줍니다.

※ 물을 너무 많이 넣어도 곱게 갈리지 않아요.

3. 냄비에 손질한 돼지고기와 묵은지, 들기름 70㎖, 다진 마늘 30g을 넣고 강한 불에서 볶습니다.

※ 들기름이 없다면 식용유로 볶아도 됩니다.

4. 고기가 어느 정도 익으면 ②의 콩비지를 넣고 고루 섞습니다.

5. 콩비린내가 올라오기 시작하면 물 1L를 넣고 뚜껑을 열어 한소끔 끓입니다.

※ 물은 한꺼번에 붓지 말고 세 번에 나누어 부어주세요. 뚜껑을 닫고 끓이면 콩비린내가 나니 뚜껑은 열고 끓이세요.

6. 계속 저어주며 끓이다가 국간장 1큰술, 대파를 넣어 한소끔 끓입니다.

※ 국간장 대신 천일염을 넣어도 좋아요. 국물 색이 너무 하얗다면 취향에 따라 고춧가루를 추가해도 됩니다.

소고기뭇국

맛집 141

재료

무 700g, 소고기 양지 100g, 다진 마늘 약간, 다시마 2장 (손바닥 크기), 대파 1대, 국간장 2큰술, 소금 약간, 물 적당량

1. 무는 나박 썰기 하고, 소고기는 키친타월로 핏물을 빼 큼지막하게 썰어줍니다.

2. 냄비에 ①을 넣고 재료가 잠길 정도로만 따뜻한 물을 부어 김이 올라올 때까지 강한 불로 끓입니다.

3. 어느 정도 김이 올라오면 국간장 2큰술을 넣습니다.

4. 끓어오르면 크게 썬 대파와 다진 마늘 약간, 다시마를 넣고 물을 적당량 부은 후 뚜껑을 닫고 끓입니다.

※ 대파와 다시마는 다시 건져낼 거라 잘게 잘라 넣는 것보다 크게 통째로 넣는 게 좋아요. 마늘은 통마늘을 편 썰기 해 넣어도 괜찮습니다. 물은 찬물을 넣어도 상관없지만, 너무 많이 붓지 않도록 주의하세요. 끓이다 보면 무가 숨이 죽어 양이 적어지기 때문에 처음부터 물을 많이 부으면 맛이 없어요. 적당량의 물을 붓고 한소끔 끓여본 후 부족하면 더 붓는 게 좋습니다.

5. 한소끔 끓인 후 뚜껑을 열어 떠다니는 불순물과 기름을 숟가락으로 걷어줍니다.

6. 다시마를 빼고 소금 약간을 넣은 후 뚜껑을 닫아 약한 불에서 한소끔 더 푹 끓입니다.

7. ⑥이 끓으면 뚜껑을 열어 대파를 뺍니다. 무가 완전히 익으면 그릇에 담아 송송 썬 대파를 고명으로 얹습니다.

※ 간을 보면서 취향에 따라 소금을 조금씩 더해도 좋아요.

갈비탕

맛집 142

재료

소갈비 500g, 물 1.5L, 대파 100g, 양파 150g, 무 300g,

마늘 4알, 대추 3개, 진간장 1큰술, 소금 약간, 감초 2뿌리,

마른 당면 30g

1. 소갈비는 3시간 동안 물에 담가서 핏물을 뺍니다.

2. 냄비에 ①과 물 1L, 감초를 넣고 뚜껑을 닫아 강한 불에서 끓입니다.

3. 무는 큼직하게 썰고, 양파와 대파는 2등분합니다.

4. ②의 냄비가 끓어오르면 고기는 건져내고 면보로 육수를 거릅니다.

5. 압력솥에 ④의 육수, 소갈비, 무, 대파, 양파, 대추, 마늘, 물 500㎖를 넣은 후 강한 불에서 끓입니다.

6. 압력추가 올라오면 불을 끈 다음 김이 빠질 때까지 10분 정도 기다립니다.

※ 너무 오래 끓이면 고기가 물러집니다.

7. 양파, 대파는 건져내고 진간장 1큰술과 소금 약간을 넣어 간을 합니다.

※ 30분 정도 미지근한 물에 담가 불린 당면을 먹기 좋은 길이로 잘라 넣고 고기와 국물을 옮겨 담아 내세요.

PART 04

맛

김밥

김치김밥

맛집 143

재료

김밥용 김 5장, 밥 500g(100g×5), 김치 ½포기, 계란 5개, 소금 약간, 다진 마늘 1큰술, 참기름 2큰술, 통깨 약간, 식용유 약간

1. 볼에 계란, 소금을 넣어 잘 풀어줍니다.

2. 김치의 양념을 훑어서 물기를 꼭 짠 후 윗부분을 잘라서 준비합니다.

3. 볼에 ②를 넣고 다진 마늘, 참기름, 통깨를 넣어 무칩니다.

4. 프라이팬을 달군 후 식용유를 두르고 키친타월로 닦아 기름 코팅을 합니다.

5. ①의 계란물을 부어 지단을 부칩니다.

6. 김밥 발에 김밥용 김, 밥, 지단, ③의 김치를 올려 말아서 완성합니다.

양배추 김밥

맛집 144

재료

양배추 ¼통, 달걀 10개, 당근 1개, 부추 200g, 통단무지 1개, 전분 2큰술 , 소금 약간, 식용유 약간, 김 약간

1. 양배추는 채칼로 얇게 채 썰어 흐르는 물에 세 번 정도 씻은 후 채반에 밭쳐 물기를 뺍니다.

※ 양배추는 세로로 채 썰어야 부서지지 않아요. 양배추 특유의 향이 싫다면 5분 정도 찬물에 담가두세요.

2. 당근과 통단무지는 길게 편 썰기 합니다.

※ 당근도 채칼로 썰면 편해요.

3. 부추는 깨끗이 씻어 물기를 뺀 다음 식용유를 조금 둘러 달군 얇은 웍에 올려 강한 불로 볶습니다.

※ 소금을 약간 더해 볶다가 숨이 죽으면 불을 끄세요.

4. 달군 웍에 식용유를 조금 두르고 당근에 소금을 약간 더해 강한 불로 볶습니다.

5. 볼에 ①과 달걀물, 소금 약간을 넣고 버무립니다.

※ 달걀 사이즈에 따라 개수를 달리하세요. 양배추가 달걀에 어우러질 만큼이면 됩니다.

6. ⑤에 전분 2큰술을 추가해 버무립니다.

7. 팬을 달군 후 기름을 두르고 ⑥의 양배추를 펼쳐 뒤집개로 꾹꾹 눌러가며 강한 불로 익힙니다.

※ 기름이 너무 많으면 김과 양배추가 잘 붙지 않으니 주의하세요.

8. 한쪽 면이 다 익으면 뒤집어 익힌 후 꺼내 한 김 식힙니다.

※ 3장 정도 나와요.

9. 김발 위에 김을 올린 다음 양배추 지단을 올립니다.

※ 양배추 지단은 김 면적의 70% 정도 사이즈가 좋아요.

10. 부추, 단무지, 당근을 넣고 돌돌 말아 먹기 좋은 크기로 자릅니다.

두부김밥

맛집 145

재료

두부 1kg, 달걀 8개, 당근 1개, 오이 2개, 통단무지 1개, 참기름 3큰술, 통깨 1큰술, 식용유 약간, 김밥용 김 약간, 소금 약간

1. 두부는 으깹니다.

2. 얇은 웍에 으깬 두부를 올려 강한 불로 볶다가 두부가 뜨거워질 때쯤 불을 끄고 그대로 식힙니다.

3. 오이는 길게 4등분해 씨를 제거합니다. 통단무지는 길게 8등분하고 당근은 길게 편 썰기 합니다.

4. 두부가 식으면 면보로 물기를 짭니다.

※ **수분이 너무 없으면 김밥이 뭉쳐지지 않으니 적당히 짜면 됩니다.**

5. 팬에 식용유를 약간 두르고 예열한 후 오이를 강한 불로 살짝 볶습니다.

※ **소금을 약간 넣고 오이 향이 올라올 때까지만 볶으면 됩니다.**

6. 오이를 볶은 팬에 당근을 넣고 소금 약간을 더해 볶습니다.

7. 달걀을 풀어 중약불에서 지단을 여러 장 만듭니다.

8. 볼에 두부, 참기름 3큰술, 통깨 1큰술을 넣어 무칩니다.

※ **미리 간을 하면 물이 생기니 김밥 말기 직전에 무치세요.**

9. 김발 위에 김을 펼치고 달걀 지단, 두부, 오이, 단무지, 당근을 올려 돌돌 말아 먹기 좋은 크기로 썰어줍니다.

※ **지단이 너무 길면 적당히 접어 올리세요.**

들기름 메밀김밥

맛집 146

재료

메밀면 200g, 달걀 5개, 식용유 약간, 소금 약간, 들기름 1큰술, 깻잎 원하는 만큼, 김 3장, 묵은지 원하는 만큼

1. 달걀은 소금을 약간 넣어 풀어줍니다.

※ **달걀 사이즈에 따라 양을 조절하세요.**

2. 끓는 물에 메밀면을 넣어 삶은 후 흐르는 물에 헹구고 채반에 밭쳐 물기를 뺍니다.

※ **완전히 푹 삶아야 합니다.**

3. 식용유를 살짝 묻혀 코팅한 팬에 달걀 지단을 만든 후 돌돌 말아 굵게 채 썰어줍니다.

※ **지단을 만들 때는 약한 불로 해야 해요. 3장 정도 나와요.**

4. 묵은지는 씻어서 물기를 짠 다음 길게 자릅니다.

5. 볼에 메밀면을 넣고 들기름 1큰술을 둘러 조물조물 무칩니다.

6. 김발 위에 김을 펼쳐놓고 깻잎 6~10장을 올립니다.

7. ⑥에 메밀면, 묵은지, 달걀 지단을 올려 돌돌 만 후 먹기 좋은 크기로 자릅니다.

꼬마김밥

맛집 147

재료

달걀 6개, 식용유 약간, 어묵 150g, 설탕 1큰술, 진간장 1큰술, 다진 마늘 1큰술, 당근 100g, 단무지 150g, 시금치 200g, 밥 1공기, 김 10장, 소금 약간, 참기름 1+½큰술

1. 달걀은 소금을 약간 넣어 푼 다음 지단을 만듭니다.

※ **지단을 만들 때 기포는 '톡' 쳐서 공기를 빼주세요. 불 세기는 약한 불이어야 합니다.**

2. 김은 반으로 자르고 단무지, 당근은 자른 김보다 약간 짧게 자른 후 얇게 편 썰기 합니다. 어묵과 지단은 단무지 크기에 맞추어 자릅니다.

3. 시금치는 다듬어 씻어 끓는 물에 살짝 데친 후 흐르는 물에 헹군 다음 물기를 빼고 참기름 ½큰술, 소금 약간을 넣어 무칩니다.

4. 식용유를 약간 두른 팬에 당근을 올리고 소금을 약간 뿌려 강한 불에서 살짝 볶은 후 꺼내 식힙니다.

5. 팬에 식용유를 두르고 어묵, 설탕 1큰술, 진간장 1큰술, 다진 마늘 1큰술을 넣고 강한 불에서 살짝 볶은 후 꺼내서 식힙니다.

6. 볼에 밥과 소금 약간, 참기름 1큰술을 넣고 살살 비빕니다.

※ **너무 뜨거운 밥보다는 한 김 식힌 밥으로 하는 것이 좋습니다.**

7. 반으로 자른 김 위에 밥을 1숟가락 정도 올려 펼치고 지단, 어묵, 당근, 시금치, 단무지를 올려 돌돌 말아줍니다.

묵은지 네모김밥

맛집 148

재료

밥 200g(김밥 1개당 50g 사용), 달걀 5개 , 묵은지 원하는 만큼, 김밥용 김 2장, 참기름 1큰술, 햄 200g

1. 김은 길게 반으로 자릅니다.

2. 묵은지는 흐르는 물에 양념을 씻은 후 물기를 짭니다.

※ 묵은지는 취향에 따라 양을 조절하세요.

3. 햄은 두껍게 편 썰어 팬에 굽습니다.

4. 달걀은 잘 풀어 지단을 만듭니다.

※ 아랫면이 적당히 익으면 반을 접어 올려 살살 눌러가며 익힌 후 꺼내세요.

5. 지단과 묵은지를 햄 사이즈로 자릅니다.

6. 밥에 참기름 1큰술을 넣고 비빕니다.

7. 햄 통 안에 랩을 끼워 넣습니다.

8. 밥 25g 정도를 꾹꾹 눌러 담고 지단, 김치, 햄을 쌓아 올린 후 다시 밥 25g을 담아 꾹꾹 눌러줍니다.

9. 김을 거친 부분이 위로 향하게 둔 후 ⑧을 꺼내 돌돌 말아 줍니다.

어묵김밥

맛집 149

재료

단무지 140g, 당근 100g, 어묵 350g(손바닥만 한 크기의 사각 어묵), 부추 250g, 통깨 1큰술, 참기름 2큰술, 소금 약간, 식용유 4큰술, 다진 마늘 1큰술, 설탕 2큰술,

진간장 3큰술, 후춧가루 약간, 밥 210g

1. 단무지는 먹기 좋은 굵기로 길게 썰고, 당근도 단무지 크기로 썰어줍니다.

2. 어묵은 끓는 물에 잠시 담가두었다가 채반에 밭쳐 물기를 뺍니다.

※ **끓이면 안 돼요. 길게 자르지 말고 통째로 담급니다.**

3. 부추는 끓는 물에 살짝 데친 후 찬물에 헹궈 물기를 짭니다.

4. 볼에 부추, 통깨 1큰술, 참기름 1큰술, 소금 약간을 넣고 조물조물 무칩니다.

5. 달군 팬에 식용유를 약간 두르고 당근을 넣어 볶습니다.

6. 팬에 식용유 4큰술, 다진 마늘 1큰술, 설탕 2큰술, 진간장 3큰술, 후춧가루 약간을 넣고 잘 섞은 후 어묵을 넣어 양념을 골고루 묻힙니다.

7. 불을 켜 중간 불로 올리고 어묵을 굽습니다.

8. 볼에 밥, 소금 약간, 참기름 1큰술을 넣어 섞습니다.

※ 밥이 따뜻할 때 간하세요.

9. 김발 위에 김을 펼쳐놓고 밥을 펴 올린 후 어묵을 먼저 올리고 그 위에 부추, 당근, 단무지를 올립니다.

※ 밥은 김의 2/3 정도까지 얇게 펼쳐 손으로 꾹꾹 눌러줘야 김밥이 잘 안 터져요.

10. 재료들을 어묵으로 먼저 감싼 후 김발을 이용해 전체를 돌돌 말아줍니다.

※ 이음매가 잘 붙지 않는 경우, 밥알로 붙여주거나 이음매를 밑으로 해 눕혀놓으세요.

달걀폭탄 꼬마김밥

재료

달걀 9개, 소금 약간, 식용유 약간, 오이 1개, 김 6장, 빨간 파프리카 1개, 노란 파프리카 1개, 당근 ½개, 셀러리 1개

1. 소금을 약간 넣은 달걀물을 약한 불에 올려 지단을 만든 후 돌돌 말아 얇게 채 썰기 합니다.

※ 될 수 있으면 적은 양의 기름을 이용해 열로 익혀야 해요. 그래야 김밥이 안 풀려요. 기름기가 있으면 김이 안 달라붙는답니다. 지단은 6장 정도 나옵니다.

2. 당근과 오이는 얇게 채 썰고 셀러리는 껍질을 벗긴 후 얇게 채 썰기 합니다. 파프리카는 씨를 제거하고 얇게 채 썰기 합니다.

3. 김은 세로로 길게 반을 접어 자른 후 김발 위에 거친 면이 위로 오도록 올립니다.

4. ③에 달걀 지단을 밥 펴듯 올립니다.

※ 지단은 김의 2/3 정도로만 펼쳐 올려주세요.

5. ④에 손질한 채소를 골고루 올린 다음 돌돌 말아줍니다.

※ 이음매가 잘 붙지 않는 경우, 밥알로 붙여주거나 이음매를 밑으로 해 눕혀놓으세요.

깻잎 멸치김밥

맛집 151

재료

김 4장, 밥 100g(김밥 1개당 25g 사용), 깻잎순 400g, 달걀 5개, 식용유 2큰술, 진간장 2큰술, 다진 대파 1큰술, 다진 마늘 1큰술, 잔멸치 100g, 통깨 2큰술, 고춧가루 1큰술, 참기름 1큰술

1. 깻잎순은 씻은 후 채반에 밭쳐 물기를 뺍니다.

2. 달걀은 잘 풀어 지단을 만듭니다.

3. 팬에 멸치를 펼쳐 깔고 깻잎순을 올린 후 불을 켭니다.
※ 얇은 웍이나 냄비를 사용해주세요.

4. ③에 식용유 2큰술, 진간장 2큰술, 다진 대파 1큰술, 다진 마늘 1큰술을 골고루 뿌립니다.

5. 강한 불로 올려 살살 눌러주고 깻잎순의 숨이 죽으면 멸치와 잘 섞어 볶습니다.

6. 통깨 2큰술, 고춧가루 1큰술, 참기름 1큰술을 넣어 볶은 후 덜어내 한 김 식힙니다.
※ 아이들이 먹는다면 고춧가루는 빼세요. 뜨거운 팬에 그대로 두면 물기가 생기니 바로 덜어내세요.

7. 김발 위에 김, 밥, 지단, 깻잎순으로 올린 후 지단으로 깻잎순을 먼저 감아 올립니다.

8. 김으로 돌돌 만 후 먹기 좋은 크기로 썰어줍니다.
※ 이음매가 잘 붙지 않는 경우, 밥알로 붙여주거나 이음매를 밑으로 해 눕혀놓으세요.

PART 05

맛 전

파전

재료

쪽파 300g, 밀가루 150g, 물 250㎖, 식용유 약간, 소금 약간

1. 쪽파는 씻어서 물기를 뺍니다.

2. 볼에 밀가루, 물, 소금을 넣어 잘 풀어줍니다.

3. 프라이팬에 식용유를 둘러 예열합니다.

4. ②에 쪽파를 넣어 반죽을 묻혀줍니다.

※ 쪽파 줄기에는 대충 바르고 알이 굵은 뿌리 부분에는 충분히 발라줍니다.

5. ③에 ④를 잘 펴서 노릇노릇하게 부쳐 완성합니다.

※ 쪽파를 교차해 펴주세요.

녹두전

맛집 153

재료

마른 녹두 200g, 간 돼지고기 앞다리살 250g, 물 150㎖,

삶은 고사리·데친 숙주 100g, 대파 40g, 다진 마늘 10g,

참기름 ½큰술, 소금· 후춧가루· 식용유 약간

숙주 양념용 재료

대파 10g, 다진 마늘 10g, 참기름 ½큰술

---

1. 물에 불린 녹두는 체망에 밭쳐 물기를 뺍니다.

2. 믹서에 ①과 물, 대파(30g)를 함께 넣어 곱게 갈아줍니다.

3. 대파(20g)는 잘게 다집니다.

4. 삶은 고사리, 데친 숙주는 적당한 길이로 썰어줍니다.

5. 돼지고기 앞다리살에 ③의 대파 10g과 다진 마늘 10g, 참기름, 후춧가루, 소금을 넣어 살짝 볶습니다.

6. ④를 ③의 대파 10g과 다진 마늘 10g, 참기름, 후춧가루, 소금을 넣어 무칩니다.

7. 볼에 ②, ⑤, ⑥을 넣어 반죽을 만듭니다.

8. 프라이팬에 식용유를 두르고 ⑦을 한 국자 떠 넣어 노릇노릇하게 부쳐서 완성합니다.

※ 녹두전만큼은 식용유를 충분히 둘러야 부드럽고 맛있습니다. 한 면이 거의 다 익은 후 뒤집으세요.

※ 마른 녹두는 찬물에 3시간 이상 불려서 준비하세요.

장떡

맛집
154

재료

부추 300g, 깻잎 80g, 홍고추 5개, 청양고추 5개, 밀가루 300g, 된장 1큰술, 고추장 ½큰술, 물 300㎖, 식용유 약간

1. 부추는 4cm 길이로 썰고, 깻잎은 부추 굵기 정도로 채 썰기 합니다. 청양고추와 홍고추는 잘게 썰어줍니다.

※ 매운맛이 싫다면 청양고추 대신 일반 고추를 넣어도 좋아요.

2. 볼에 ①을 넣고 섞습니다.

3. ②에 된장 1큰술, 고추장 ½큰술, 물 300㎖를 넣고 양념과 채소가 잘 어우러지게 조물조물 무칩니다.

※ 집마다 고추장과 된장 간이 다르니 맛을 보고 양을 조절하세요.

4. ③에 밀가루 300g을 더해 반죽합니다.

※ 밀가루는 한번에 다 넣지 말고 조금씩 넣으면서 반죽하세요. 장떡 반죽은 묽으면 안 돼요.

5. 예열한 팬에 식용유를 두르고 반죽을 얇게 펼쳐 강한 불로 익힙니다.

6. 한쪽 면이 익으면 뒤집어서 꾹꾹 눌러주며 익힙니다.

※ 꾹꾹 눌러주며 익혀야 쫀득하게 부쳐집니다.

쑥전

맛집 155

재료

쑥 180g, 밀가루 70g, 소금 2g, 물 100㎖, 식용유 약간

1. 쑥은 억센 줄기를 떼어내고 흐르는 물에 씻은 후 채반에 받쳐 물기를 뺍니다.

2. 물기 뺀 쑥에 밀가루 70g과 소금 2g을 넣고 골고루 섞은 후 물 100㎖를 넣고 섞습니다.

※ 밀가루는 한번에 다 넣지 말고 농도를 보면서 조금씩 추가하세요. 쑥전 반죽은 빡빡해야 해요.

3. 달군 팬에 식용유를 살짝 두릅니다.

※ 쑥전은 기름이 많으면 안 돼요.

4. 쑥 반죽을 얇게 펼친 후 강한 불로 올려 겉면이 노릇해질 때까지 앞뒤로 부칩니다.

※ 뒤집개로 꾹꾹 눌러가며 익히세요.

미나리전

맛집 156

재료

미나리 230g, 물 300㎖, 밀가루 120g, 들기름+식용유 (1:1) 약간, 소금 2g

1. 미나리는 깨끗하게 씻은 후 잎과 줄기 부분을 분리합니다.

2. 볼에 물 300㎖, 밀가루 120g, 소금 2g을 넣어 반죽물을 만듭니다.

※ **미나리전은 반죽물이 묽어야 쫀득한 식감을 살릴 수 있어요.**

3. 예열한 프라이팬에 식용유와 들기름을 1:1로 섞은 기름을 두릅니다.

4. 미나리 줄기와 잎 부분을 고루 섞어 반죽물을 묻힌 후 팬에 펼쳐 올립니다.

※ **반죽물이 흐르지 않도록 해주세요.**

5. 반죽물 1큰술을 떠 미나리 위에 살살 뿌린 후 강한 불로 올리고 뒤집개로 꾹꾹 눌러가며 부칩니다.

6. 미나리 향이 올라오면 뒤집어 노릇노릇하게 부칩니다.

부추전

맛집 157

재료

부추 300g, 당면 100g, 달걀 3개, 소금 약간, 물 500㎖,

밀가루 100g, 식용유 약간, 청양고추(오이고추) 7개

1. 부추는 4~5cm 길이로 자르고, 청양고추는 어슷썰기 합니다.

※ 아이들이 먹는다면 청양고추 대신 오이고추를 사용하세요.

2. 끓는 물에 당면을 넣고 삶습니다.

※ 속 재료에 들어갈 당면은 씹히는 것 없이 보들보들하게 푹 삶아야 해요.

3. 삶은 당면을 찬물에 헹군 후 물기를 빼고 자릅니다.

4. 볼에 ①과 ③, 달걀, 소금 약간, 물 500㎖, 밀가루 100g을 넣고 섞습니다.

※ 반죽이 묽어야 해요. 이때 간을 보고 싱겁다면 소금을 더 추가하세요.

5. 팬에 식용유를 둘러 강한 불로 달굽니다.

6. 부추 반죽을 넓게 펼친 후 고명으로 청양고추를 올립니다.

※ 어슷 썬 홍고추를 더해 올려도 좋아요. 불은 계속 강한 불입니다.

7. 팬을 흔들었을 때 전이 움직이면 뒤집어 익힙니다.

※ 뒤집은 후 꾹꾹 눌러 수분을 빼면서 부치세요.

감자전

맛집 158

재료

감자 3개, 식용유 약간, 치즈(선택) 약간, 토마토케첩(선택) 약간, 소금(선택) 약간

1. 감자는 강판에 갈아줍니다.

※ 강판에 갈 때는 계속 한 방향으로 가는 것보다 감자를 돌려가며 모서리를 갈면 훨씬 쉬워요.

2. ①을 채반에 걸러 감자물은 따라내 버리고 그릇에 남은 감자 전분과 채반에 걸러진 감자를 섞어 반죽합니다.

※ 감자 3개를 한번에 모두 갈지 말고 하나씩 갈면서 부쳐야 갈변되지 않아요.

3. 팬에 식용유를 충분히 두른 후 ②의 반죽을 1큰술씩 도톰하게 떠 팬에 올려 강한 불로 부칩니다.

※ 감자전은 식용유를 충분히 둘러 부쳐야 맛있어요. 취향에 따라 물기 뺀 감자에 소금으로 간을 해도 좋아요.

4. 팬을 흔들어 감자가 살살 움직이면, 중약불로 줄인 후 천천히 익히고, 한 면이 다 익으면 뒤집어 약한 불로 줄여 노릇하게 익힙니다.

※ 팬에 기름이 없으면 탈 수 있으니 넉넉히 기름을 보충하면서 부치세요. 슬라이스 치즈를 4등분해 감자전 위에 올리고 토마토케첩을 뿌려도 좋아요.

애호박전

맛집 159

재료

애호박 2개, 들기름+식용유(1 : 1) 약간, 밀가루 200g, 물 200㎖, 소금 ½큰술, 고추장 ½큰술

1. 애호박은 채 썰기 합니다.

2. 볼에 채 썬 애호박, 소금 ½큰술을 넣고 5분 정도 절입니다.

3. ②를 찬물에 헹군 후 물기를 뺍니다.

4. 볼에 1개 분량의 호박채, 밀가루 100g, 물 100㎖를 넣고 손으로 살살 반죽합니다.

5. 또 다른 볼에 1개 분량의 호박채, 밀가루 100g, 고추장 ½큰술, 물 100㎖를 넣고 반죽합니다.

6. 팬에 들기름과 식용유를 1:1로 섞어 살짝 두른 후 강한 불로 각각의 반죽을 부칩니다.

※ 4번 반죽 먼저 부친 후 5번 반죽을 부치세요. 호박전은 부치는 과정에서도 물이 나오기 때문에 부칠 때 꾹꾹 누르면서 부쳐야 해요. 진간장에 청양고추를 잘게 썰어 넣어 곁들이세요.

깻잎전

맛집 160

재료

깻잎 50g, 꽁치 통조림 1캔(400g), 후춧가루 ½큰술, 밀가루(중력분) 적당량, 다진 대파 30g, 다진 마늘 1큰술, 두부 100g, 당면 40g, 달걀 4개, 소금 ½큰술, 식용유 약간

1. 꽁치는 채반에 밭쳐 물기를 뺍니다.

※ 퍽퍽해지니 꾹꾹 눌러 짜지 마세요.

2. 두부는 칼등으로 으깬 후 면보로 물기를 짭니다.

3. 당면은 완전히 퍼질 때까지 삶습니다.

4. 삶은 당면을 찬물에 헹군 후 채반에 밭쳐 물기를 빼면서 가위로 잘게 자릅니다.

5. 볼에 ①과 ②, ④, 다진 대파 30g, 다진 마늘 1큰술, 소금 ½큰술, 후춧가루 ½큰술을 넣고 섞습니다.

※ 재료가 잘 어우러지게 주무르면서 섞어주세요. 매콤한 맛이 좋다면 청양고추를 다져 넣어도 좋아요.

6. 깻잎은 꼭지를 제거하고 앞면 반쪽에만 밀가루를 묻힙니다.

7. 밀가루를 묻힌 면에 소를 넣고 접은 후 전체적으로 밀가루 옷을 입힙니다.

※ 소를 넣은 후 깻잎 연결 부위에 물을 살짝 묻히면 잘 떨어지지 않아요.

8. 예열한 팬에 식용유를 두르고 불을 끈 후 ⑦의 깻잎에 달걀물을 입혀 올립니다.

9. 불을 켜 강한 불로 앞뒤를 부칩니다.

※ 진간장에 송송 썬 청양고추, 통깨, 참기름을 넣은 소스를 곁들이세요.

배추전

맛집 161

재료

배추 300g, 멸치 국물 300㎖, 밀가루(중력분) 6큰술,

소금 약간, 식용유 약간

1. 배추를 깨끗이 씻은 후 물기를 뺍니다.

2. 두꺼운 줄기 부분은 손으로 눌러 펴서 찜기에 한소끔 찝니다.

※ 배추는 엎어서 찌세요.

3. 배추 향이 나기 시작하면 채반에 펼쳐 한 김 식힙니다.

4. 볼에 멸치 국물 300㎖, 밀가루 6큰술, 소금 약간을 섞어 반죽물을 만듭니다.

※ 멸치 국물이 없다면 물을 사용해도 됩니다. 반죽은 묽으면 안 돼요.

5. 팬을 불에 올리고 식용유를 두른 후 반죽물을 앞뒤로 묻힌 배추를 넣어 강한 불로 부칩니다.

※ 배추전은 팬을 예열하지 않고 부치세요. 줄기 부분은 꾹꾹 누르면서 익혀야 해요.

삼색연근전

맛집 162

재료

연근 1뿌리, 시금치 약간, 당근 약간, 달걀 3개 , 밀가루 4큰

술, 소금 약간, 물 400㎖, 식용유 약간

1. 연근은 껍질을 벗기고 얇게 편 썬 후 찬물에 담가 전분기를 뺍니다. **※ 연근이 두꺼우면 반죽물과 밀착되지 않아요.**

2. 시금치는 잘게 썰어 물 200㎖와 함께 믹서에 간 후 면보에 거릅니다. 당근도 물 200㎖와 함께 믹서에 간 후 면보에 거릅니다.

3. 달걀은 흰자와 노른자를 분리한 후 달걀노른자에 소금을 약간 넣고 저어줍니다. **※ 노른자만 사용해요. 노른자 대신 치자를 물에 우려 사용해도 좋아요.**

4. 볼에 밀가루 2큰술, ②의 시금치물 약간, 소금 약간을 넣어 시금치 반죽물을 만듭니다. 마찬가지로 볼에 밀가루 2큰술, ②의 당근물, 소금 약간을 넣어 당근 반죽물을 만듭니다.
※ 시금치물과 당근물은 취향에 따라 넣어주세요.

5. 연근은 끓는 물에 소금을 약간 넣어 살짝 데칩니다.

6. 연근 테두리가 살짝 투명해지면 건져 찬물에 담갔다 채반에 받쳐 물기를 뺍니다.

7. 팬을 예열하고 식용유를 넣어 코팅한 후 불을 끄고 ④의 당근 반죽을 1큰술씩 떠 약한 불에서 얇고 동그랗게 펼칩니다.

8. 반죽이 반쯤 익으면 연근을 올리고, 반죽물이 다 익으면 뒤집어 부칩니다.

녹두빈대떡

맛집 163

재료

마른 녹두 500g, 돼지고기 목살 200g, 소금 약간, 들기름 1큰술, 다진 마늘 20g, 생강청 5g, 물 300㎖, 다진 대파 10g, 후춧가루 약간, 고사리나물무침 150g, 숙주나물무침 100g, 식용유 약간

1. 녹두는 찬물에 3시간 이상 불립니다.

2. 불린 녹두를 조리질 해 물에 뜨는 껍질을 제거합니다.

3. 껍질 벗긴 녹두를 채반에 밭쳐 물기를 뺍니다.

4. 돼지고기는 키친타월로 핏물을 제거한 후 잘게 썰어줍니다.
※ 다진 고기를 사용해도 됩니다.

5. ④의 돼지고기에 소금 약간, 들기름 1큰술, 다진 마늘 20g, 생강청 5g, 후춧가루 약간, 다진 대파 10g을 넣고 밑간합니다.

6. 고사리나물무침과 숙주나물무침은 먹기 좋은 크기로 자릅니다.

7. 물기 뺀 ③의 녹두에 물 300㎖를 더해 믹서에 곱게 갈아줍니다. **※ 만졌을 때 녹두 알이 손에 잡히지 않도록 곱게 가세요. 또 물이 너무 많으면 전을 부칠 때 물러져서 안 좋으니 물 양을 잘 맞춰주세요.**

8. 잘 달군 팬에 ⑤를 볶은 후 덜어둡니다.

9. 볼에 ⑦의 간 녹두 ½ 분량, ⑥의 고사리나물 ½ 분량, 숙주나물무침 ½ 분량, ⑧의 고기 ½ 분량을 넣고 살살 섞습니다.

10. 예열한 팬에 기름을 충분히 넣고 ⑨의 반죽을 넣은 후 강한 불로 부칩니다. 테두리가 노릇노릇해지면 뒤집은 후 중약불로 천천히 익힙니다.

표고전

맛집 164

재료

건표고 12개, 참기름 1큰술, 진간장 ½큰술, 두부 150g, 달걀 3개, 전분 약간, 대파 약간, 밀가루 약간, 당근 약간, 소금 약간, 식용유 약간

1. 건표고는 3시간 정도 물에 불린 후 꼭지를 자르고 물기를 꼭 짭니다.

※ 표고전은 생표고보다 건표고를 불려 부치는 것이 더 맛있어요. 물에 불린 표고는 물기를 꼭 짜주세요. 매우 중요한 과정이에요.

2. 표고 안쪽 두툼한 부분에 우물정(#) 자로 칼집을 냅니다.

3. 볼에 참기름 ½큰술, 진간장 ½큰술을 섞어 유장을 만듭니다.

4. 표고버섯 안쪽에 ③을 바릅니다.

5. 두부는 면보에 싸 물기를 꼭 짭니다.

6. 표고버섯 1개와 대파, 당근을 곱게 다집니다.

7. 볼에 ⑥의 다진 재료와 ⑤의 두부, 참기름 ½큰술, 소금 약간을 넣고 으깨면서 섞습니다.

8. 칼집 낸 표고 안쪽에 밀가루를 살짝 입히고 ⑦을 꾹꾹 눌러가며 평평하게 넣습니다.

※ 귀찮으면 분리하지 않아도 됩니다. 전분이 없으면 밀가루를 약간 넣으세요.

9. ⑧ 위에 밀가루를 살짝 입힙니다.

10. 달걀은 흰자와 노른자를 분리하고, 노른자에 소금 약간,

전분 약간을 넣고 잘 섞습니다.

11. 팬을 불 위에 올리고 식용유를 약간 둘러 코팅한 후 달궈지면 불을 끄고 달걀노른자 한 숟가락을 동그랗게 펼쳐 넣은 후 표고버섯을 올려 약한 불로 부칩니다.

12. 노른자가 다 익으면 뒤집은 후 다시 식용유를 두르고 꾹꾹 눌러가며 부칩니다.

※ 한 번만 뒤집어 부쳐야 깔끔하고 예뻐요. 달걀흰자도 같은 방법으로 표고버섯과 함께 부쳐보세요. 완성되면 달걀 테두리를 동그랗게 잘라 모양을 잡아주세요.

두부전

맛집 165

재료

두부 1kg, 부추 100g, 당근 50g, 참기름 2큰술, 달걀 4개, 소금 ½큰술, 후춧가루 ½큰술, 통깨 약간, 불린 표고버섯 80g, 밀가루 약간, 식용유 약간

1. 불린 표고버섯은 물기를 꼭 짠 후 곱게 다집니다. 부추와 당근도 곱게 다집니다.

2. 두부는 칼등으로 으깬 후 면보에 걸러 물기를 짭니다.
※ 물기가 나오지 않게 꼭 짜주세요.

3. 볼에 ①, ②의 손질한 재료와 소금 ½큰술, 후춧가루 ½큰술, 통깨 약간, 참기름 2큰술을 넣어 반죽합니다.
※ 찰기 있게 반죽하세요. 물기가 생기면 안 돼요.

4. 볼에 달걀을 풀어 달걀물을 만듭니다.

5. ③을 한입 크기로 덜어 동그랗게 빚은 다음 밀가루를 골고루 묻힙니다.

6. 팬에 기름을 살짝 두르고 예열한 후 불을 끄고 ⑤를 달걀물에 묻혀 팬에 올린 다음 다시 불을 켜 강한 불로 익힙니다.
※ 불을 켜고 자글자글 익는 소리가 들리면 기름을 조금 더 추가하세요.

7. 아랫면이 익으면 뒤집은 후 약한 불로 줄여 마저 익힙니다.
※ 진간장으로 양념장을 만들어 곁들이세요.

명태전

맛집
166

재료

얼린 명태포 400g, 고추 3개, 당근 약간, 밀가루 2큰술,

달걀 5개, 소금 약간, 참기름 1큰술, 식용유 약간

1. 명태포를 실온에서 살짝 녹인 후 곱게 다지고 고추와 당근도 곱게 다집니다.

※ 고추와 당근 대신 다른 재료를 넣어도 되지만 양파처럼 수분이 많은 채소는 피하세요.

2. 볼에 ①과 밀가루 2큰술, 달걀 5개, 소금 약간, 참기름 1큰술을 섞어 반죽합니다.

※ 반죽이 되다 싶으면 달걀 1개를 더 넣어도 됩니다.

3. 예열한 팬에 기름을 조금만 두르고 ②의 반죽을 1큰술씩 덜어 약한 불에서 앞뒤로 노릇노릇하게 부칩니다.

늙은호박 부침개

맛집 167

재료

늙은 호박 700g, 밀가루 130g, 소금 약간, 설탕 1큰술, 물 100㎖, 식용유 약간

1. 늙은 호박은 껍질을 벗긴 후 채칼을 이용해 채 썰어줍니다.

※ 위험하니 채칼은 장갑을 끼고 사용하세요.

2. ①에 밀가루 130g을 골고루 묻힙니다.

※ 물 먼저 넣지 마세요. 호박에 밀가루 옷을 입히는 과정은 아주 중요해요.

3. ②에 소금 약간, 설탕 1큰술, 물 100㎖를 넣고 반죽합니다.

※ 가루가 엉길 정도로만 반죽하면 됩니다. 늙은호박부침개 반죽은 물기 없게 하는 것이 핵심이에요.

4. 팬에 식용유를 약간 두르고 달군 후 ③을 펼쳐 강한 불로 부칩니다.

※ 기름은 약간만 두르세요. 호박전에 수분이 많아 처음부터 기름을 많이 넣으면 전이 축 처져요.

5. 한쪽 면이 익으면 뒤집은 후 뒤집개로 꾹꾹 누르며 부칩니다.

※ 기름을 추가하면서 앞뒤로 꾹꾹 누르며 노릇하게 부치세요.

고구마전

맛집 168

재료

고구마 600g, 밀가루 100g, 물 80㎖, 소금 약간, 식용유 약간

1. 고구마는 껍질을 벗겨 굵게 채 썬 후 찬물에 담가 전분기를 제거하고 흐르는 물에 씻어낸 다음 채반에 받쳐 물기를 뺍니다.

2. 볼에 ①과 밀가루 100g, 물 80㎖, 소금 약간을 넣은 다음 섞습니다.

※ 물은 조금씩 넣어가며 맞추세요. 반죽이 질면 안 돼요.

3. 팬에 기름을 넉넉히 넣고 예열한 후 고구마 반죽을 올려 강한 불에서 익힙니다.

※ 기름은 전을 부칠 때보다 많이 넣으세요. 고구마가 두꺼워서 기름이 적으면 안 익어요. 반죽은 원하는 크기로 떠서 올리세요.

4. 아랫면이 완전히 익으면 뒤집어 노릇노릇하게 부칩니다.

PART 06

맛
스페셜

떡볶이

재료

떡볶이용 떡 500g, 사각 어묵 100g, 대파 100g, 양배추 150g, 삶은 계란 3개, 고추장 2큰술, 고운 고춧가루 1큰술, 진간장 1큰술, 물 1L, 설탕 3큰술, 물엿 100g

1. 떡볶이용 떡은 찬물에 씻은 후 체망에 밭쳐 물기를 뺍니다.

2. 대파, 양배추는 채썰기 합니다.

3. 사각 어묵은 세모로 썰어줍니다.

4. 웍에 물, 진간장, 고운 고춧가루, 고추장, 설탕, 물엿을 넣은 뒤 나머지 재료를 넣어 졸여 완성합니다.

※ 약 15분 졸인 후 원하는 농도에 따라 완성합니다.

잡채

재료

당면 200g, 당근 100g, 돼지고기 등심 200g, 시금치 200g, 양파 300g, 표고버섯 3개, 식용유 1큰술, 참기름 1큰술, 통깨 약간

고기 양념

다진 마늘 10g, 참기름 2큰술, 대파 20g, 진간장 60㎖,

포도즙 60㎖, 설탕 50g, 후춧가루 약간

1. 시금치는 꼭지를 제거한 후 씻어서 체망에 밭쳐 물기를 뺍니다.

2. 양파, 당근은 채썰기 합니다. 대파는 다져서 준비합니다.

3. 표고버섯은 포를 뜬 뒤 채썰기 합니다.

4. 돼지고기 등심은 채썰기 합니다.

5. 얇은 웍에 ④를 넣고 대파와 설탕, 포도즙, 다진 마늘, 진간장, 참기름, 후춧가루로 고기를 양념합니다.

6. 끓는 물에 당면을 넣어 삶습니다.

※ 당면을 젓가락으로 들었을 때 축 처지는 느낌이 있어야 다 삶아진 것입니다. 약 12분 소요됩니다.

7. ⑥을 찬물에 넣어 빠르게 헹군 후 체망에 밭쳐 물기를 뺍니다.

※ 당면을 비비면서 헹궈야 녹말기와 열기가 빠집니다.

8. ⑦에 식용유를 넣어 살짝 주물러 준 뒤 가위를 이용해 먹기 좋은 길이로 자릅니다.

※ 면이 퍼지지 않게 하기 위한 과정입니다.

9. ⑤에 표고버섯을 넣어 볶습니다.

10. ⑨에 당면을 넣어 국물이 없어질 때까지 볶습니다.

11. ⑩에 채 썰어놓은 양파와 당근, 시금치를 차례로 넣은 후 볶습니다.

12. 채소의 숨이 죽으면 불을 끄고 통깨, 참기름을 넣어 완성합니다.

해파리냉채

재료

해파리 · 오이 600g, 당근 100g, 배 500g, 게맛살 140g, 분말 겨자 2큰술, 소금 · 물 약간, 설탕(양념) 2큰술, 식초 4큰술, 설탕(오이용) · 땅콩가루 · 다진 마늘 1큰술

1. 해파리는 씻은 뒤 찬물에 30분 정도 담가둡니다.

2. 게맛살은 2등분한 뒤 잘게 찢어줍니다.

3. 당근, 배는 채썰기 합니다.

4. 오이는 돌려 깎기 한 후 채썰기 합니다.

5. 볼에 오이를 넣고 설탕, 소금을 넣어 절입니다.

6. 스테인리스 스틸 그릇에 분말 겨자와 물을 넣어 잘 섞어줍니다.

※ 그릇을 엎었을 때 흐르지 않을 정도의 점도면 됩니다.

7. 해파리는 찬물에 헹군 뒤 체망에 밭쳐 준비합니다.

8. 물이 끓는 냄비 뚜껑에 ⑥을 엎어서 살짝 익힙니다.

※ 약 2~3분 소요

9. 불을 끈 후 찬물을 섞어 온도를 살짝 낮춥니다.

※ 손이 닿았을 때 약간 뜨거운 정도가 50~60℃입니다. 이 정도로 맞춰주세요.

10. ⑨에 ⑦을 넣어 살짝 데칩니다.

※ 너무 오래 데치거나 물 온도가 높으면 해파리가 질겨집니다.

11. ⑩을 찬물에 헹군 뒤 체망에 넣어 가위로 먹기 좋은 길이

로 자른 후 물기를 뺍니다.

12. ⑤의 물기를 손으로 꼭 짜서 준비합니다.

13. 양념 볼에 ⑧을 1큰술 넣고 설탕, 식초, 다진 마늘을 넣어 양념을 만듭니다.

14. 볼에 ⑪, ②, ③, ⑫, ⑬과 땅콩가루를 차례로 넣어 잘 무쳐서 완성합니다.

※ 넣는 순서를 꼭 지키세요. 식성에 따라 식초나 소금 양을 가감합니다.

숙주나물 월남쌈

맛집 172

재료

숙주 300g, 라이스페이퍼 5장, 물 1L, 소금(데치기용) 약간, 어묵 1장, 실파 40g, 게맛살 100g, 다진 마늘 1큰술, 소금(양념) 약간, 참기름 2큰술, 통깨 약간

1. 웍에 숙주, 물, 소금을 넣어 삶아줍니다.
※ 숙주는 오래 삶으면 색이 변하기 때문에 오래 삶으면 안 됩니다. 삶을 때 숙주 냄새가 올라오면 다 익은 것입니다.

2. ①을 찬물에 헹궈 물기를 완전히 짭니다.

3. 실파는 4cm 길이로 썰어줍니다.

4. 게맛살은 4등분한 후 쭉쭉 찢어줍니다.

5. 어묵은 채썰기 합니다.

6. ⑤를 끓는 물에 데치고 찬물에 헹군 후 체망에 넣고 물기를 뺍니다.

7. 볼에 ②, ③, ④, ⑤를 넣고 다진 마늘, 소금, 참기름, 통깨를 넣어 잘 무칩니다.

8. 볼에 끓는 물을 붓고 찬물을 부어 온도를 낮춰 준비합니다.
※ 손가락을 담갔을 때 따뜻할 정도면 됩니다.

9. ⑧에 라이스페이퍼를 잠깐 담갔다 뺀 후 ⑦을 넣어 잘 싸서 완성합니다.

LA갈비

재료

LA갈비 2kg, 포도즙 300㎖, 배즙 300㎖, 진간장 200㎖, 대파 50g, 다진 마늘 40g, 생강청 20g, 설탕 60g, 후춧가루 ½큰술, 참기름 70㎖, 청주 200㎖

1. 그릇에 LA갈비를 넣고 찬물을 부어 핏물을 뺍니다.

※ 핏물이 나오면 물을 자주 갈아줍니다. 2시간 정도 소요됩니다.

2. 대파는 다져서 준비합니다.

3. ①을 흐르는 물에 씻어 체망에 밭쳐 물기를 뺍다.

※ 이때 갈비의 뼛조각이나 이물질이 있을 수 있으니 주의하세요.

4. 통에 ③을 넣고 청주를 부은 후 다시 체망으로 옮겨 담아 물기를 뺍니다.

5. 볼에 다진 대파와 다진 마늘, 생강청, 포도즙, 배즙, 진간장, 설탕, 후춧가루, 참기름을 넣어 양념을 만듭니다.

※ 포도즙이나 배즙은 주스로 대체 가능합니다.

6. ④에 ⑤를 켜켜이 넣어 재워줍니다.

※ 고기가 양념에 잠겨야 합니다. 6시간 이상 냉장고에서 숙성시키세요.

7. 두꺼운 프라이팬을 살짝 예열한 후 ⑥을 구워서 완성합니다.

※ 약불로 고기를 구우면 천천히 익으면서 육즙이 다 빠져버리니 꼭 센 불로 구워주세요.

대파수육

맛집 174

재료

삼겹살 1kg, 대파 8대, 양파 2개, 소주 200㎖

1. 볼에 삼겹살을 넣고 소주를 부어 잠시 담가놓습니다.

2. 양파는 통썰기 합니다.

3. 찜기에 대파를 깔아줍니다.

4. ③에 ①, ②를 올립니다.
※ **돼지고기는 껍질 부분이 위로 올라오게 엎어서 놓아주세요.**

5. 뚜껑을 덮고 쪄서 완성합니다.
※ **고기를 젓가락으로 찔러서 핏물이 안 나오면 다 익은 것입니다. 약 1시간 소요됩니다.**

녹두삼계탕

재료

생닭 700g, 감자 1개, 녹두(3시간 불림) 2큰술, 찹쌀(1시간 불림) 3큰술, 물 2L, 마늘 5쪽, 대추 2알, 대파 2대

1. 생닭은 손질해서 찬물로 깨끗이 씻습니다.

2. 닭다리 안쪽에 칼집을 냅니다.

3. 감자는 껍질을 제거한 뒤 밤 크기로 동그랗게 면을 쳐줍니다.

4. ②에 녹두, 찹쌀을 넣고 감자로 막은 뒤, 칼집을 낸 다리에 반대쪽 다리를 집어넣어 꼬아줍니다.

5. 냄비에 물, 마늘, 대추, 대파와 ④를 넣고 뚜껑을 덮어 끓입니다.

※ 닭은 배가 아래로 가게끔 넣어야 합니다. 약 40분 소요.

5. 40분 정도 끓인 후 약불로 10분간 뜸을 들여 완성합니다.

돈가스

맛집 176

재료

돼지고기 등심 300g, 밀가루 2큰술, 빵가루 500g, 계란 2개, 물 약간, 카레가루 약간, 식용유 1L

1. 돼지고기 등심은 벌집 모양으로 칼집을 냅니다.

※ 정육점 연육기로 내려오는 걸 추천해요.

2. ①에 카레가루를 앞뒤로 바릅니다.

3. ②에 밀가루를 바릅니다.

4. 그릇에 계란을 풀어줍니다.

5. 빵가루에 물을 뿌립니다.

6. ③을 ④에 적셔 ⑤를 묻힙니다.

7. 두꺼운 냄비에 식용유를 넣고 170~180℃ 온도로 올려줍니다.

※ 기름이 넉넉할수록 튀김 맛이 좋습니다.

8. ⑦에 ⑥을 넣어 튀겨서 완성합니다.

※ 하나씩 튀겨주세요. 가장자리부터 천천히 넣어 튀긴 후 수직으로 들어 꺼냅니다.

돼지고기 미트볼

맛집 177

재료

다진 돼지 안심 500g, 두부 150g, 계란 1개, 전분 60g, 식용유 1L, 다진 마늘 1큰술, 참기름 3큰술, 소금 약간, 후춧가루 약간

소스 양념 재료

식용유 50㎖, 다진 마늘·고추장·설탕·통깨 1큰술, 케첩 4큰술

---

1. 두부는 면보에 넣어 물기를 꼭 짭니다.

2. 볼에 ①과 돼지 안심, 계란, 소금, 다진 마늘, 참기름, 후춧가루를 넣어 잘 치댑니다.

※ 충분히 치대야 미트볼이 깨지지 않습니다.

3. 쟁반에 전분을 펴서 준비하고, ②를 동그랗게 빚어 전분에 올린 후, 쟁반을 흔들어 전분을 골고루 묻힙니다.

4. 두꺼운 냄비에 식용유를 부어 170~180℃로 올린 후 뜰채를 이용해 ③을 넣어 튀깁니다.

5. 노릇노릇하게 튀긴 미트볼을 건져 키친타월에 올려 살짝 식힙니다.

6. 얇은 웍에 식용유, 다진 마늘, 고추장, 케첩, 설탕을 잘 섞어 양념을 졸입니다.

※ 양념이 가무스름하게 진해질 때까지 졸입니다.

7. ⑧에 ⑦과 통깨를 넣어 양념을 입혀 완성합니다.

골뱅이무침

맛집 178

재료

골뱅이 400g, 북어포 50g, 양파 100g, 대파 100g, 다진 마늘 100g, 고추장 3큰술, 고운 고춧가루 1큰술, 참기름 2큰술, 설탕 약간, 물엿 3큰술, 통깨 1큰술

1. 골뱅이는 체망에 밭쳐 물기를 빼주세요.

2. 북어포는 물에 적셔 꼭 짜서 준비합니다.

3. 대파, 양파는 채 썰어 찬물에 담가 물기를 뺍니다.
※ **대파와 양파의 매운맛을 빼는 과정입니다.**

4. 볼에 ①, ②를 넣고 고추장, 고운 고춧가루, 물엿을 넣어 무칩니다.

5. ④에 ③과 참기름, 다진 마늘, 설탕, 통깨를 넣어 잘 무친 후 완성합니다.

인절미

재료

찹쌀가루 400g, 물 2큰술, 설탕 3큰술, 볶은 콩가루 2큰술

(수북이)

1. 찹쌀가루에 물을 넣어 잘 비빕니다.
※ 가루를 손으로 쥐었을 때 살짝 뭉쳐질 정도여야 합니다.

2. ①을 체에 곱게 내립니다.

3. 찜기의 물이 끓어오르면 실리콘 찜기 깔개를 깔고 설탕 1 큰술을 뿌립니다.

4. ③에 ②를 주먹으로 살짝 쥐어 뭉쳐서 깔개에 올립니다.
※ 찹쌀가루를 그냥 깔개에 올리면 김이 잘 안 올라올 수 있어요.

5. ④에 마른 면보를 덮은 뒤 찜기 뚜껑을 덮어 찝니다.
※ 뚜껑에서 떨어지는 물로 떡이 질어지는 걸 방지합니다.

6. 10분 후 잘 찐 떡에 설탕 2큰술을 넣고 위생봉투에 넣어 잘 치댑니다.
※ 떡이 뜨거우니 면 장갑+위생 장갑으로 손을 보호하세요.

7. 볶은 콩가루를 쟁반에 뿌린 뒤 떡에 묻힙니다.

8. 떡이 살짝 식은 뒤 먹기 좋은 크기로 잘라 완성합니다.

백설기

재료

멥쌀가루 1kg, 청태(6시간 불림) 150g(불리기 전 무게입니다. 불려서 사용하세요), 소금 약간, 설탕 2큰술, 물 2큰술

1. 청태에 소금, 설탕(2큰술)을 넣어 잘 녹게끔 비빕니다.

2. ①을 체망에 밭쳐 물을 뺍니다.
※ 콩에서 물이 나오니 체망 밑에 그릇을 받칩니다.

3. 멥쌀가루에 물을 넣습니다.

4. ③에 ②를 넣어 섞습니다.

5. 대나무 찜기에 실리콘 깔개를 깔고 설탕을 약간 뿌린 뒤 ④를 올립니다.
※ 설탕을 뿌리는 이유는 실리콘 깔개에 떡이 딱 달라붙는 걸 방지하기 위해서입니다. 찜기보다 쌀가루가 살짝 봉긋하게 올라와도 괜찮습니다.

6. 물이 끓는 찜기에 ⑤를 앉힌 뒤 면보로 덮고 뚜껑을 덮어 찝니다.

7. 30분 뒤 불을 끄고 5분 정도 뜸을 들입니다.

8. 떡을 그릇이나 접시에 옮겨 완성합니다.
※ 떡이 뜨거우니 면 장갑+위생 장갑으로 손을 보호하세요.

프라이드 치킨

맛집 181

재료

닭 1.6kg, 식용유(카놀라유) 1.5L, 우유 500㎖, 밀가루 70g, 카레가루 10g, 계란 2개, 후춧가루 약간, 소금 약간, 얼음 약간

1. 볼에 닭과 우유를 넣어 30분간 재워둡니다.

※ 닭 비린내를 잡기 위한 과정입니다. 날이 더우면 냉장고에 넣어 재워주세요.

2. ①을 체망에 옮겨 담아 물기를 뺍니다.

3. 볼에 ②를 넣고 카레가루, 후춧가루, 소금을 넣어 잘 버무립니다.

4. ③에 계란, 밀가루, 얼음을 넣어 버무립니다.

※ 반죽이 차가우면 기름과의 온도 차로 더욱 바삭하게 익습니다.

5. 두꺼운 냄비에 식용유를 넣어 170~180℃로 온도를 올려 줍니다.

6. ⑤에 ④를 넣어 튀겨서 완성합니다.

※ 온도가 떨어지지 않게 한 번에 다 튀기지 말고 나눠서 튀깁니다.

궁중떡볶이

재료

가래떡 700g, 소고기 우둔살 200g, 생김 3장, 포도즙 · 진간장 · 참기름(양념용) 50㎖, 다진 마늘 · 참기름(가래떡 코팅용) · 통깨 1큰술, 설탕 50g, 후춧가루 · 잣 약간

1. 가래떡은 4cm 길이로 썬 후 4등분 하고 참기름를 넣어 버무립니다.

2. 우둔살은 채썰기 합니다.

3. 볼에 ②를 넣고 포도즙, 진간장, 다진 마늘, 참기름, 설탕, 후춧가루로 양념을 합니다.

4. 웍에 ③을 넣어 살짝 볶은 후 ①을 넣어 국물이 졸아질 때까지 볶아줍니다.

5. 생김은 살짝 구운 후 찢어서 준비합니다.

6. ④의 불을 끄고 한 김 식으면 ⑤의 김과 통깨를 넣어 완성합니다.

※ 고명으로 기호에 따라 잣을 다져서 올려줍니다.

양념게장

재료

꽃게 2kg, 소주 200㎖, 다진 마늘 · 고춧가루 100g, 생강청 30g, 멸치액젓 50㎖, 배즙 100㎖, 진간장 70㎖, 통깨 · 설탕 1큰술, 참기름 3큰술, 물엿 80g, 쪽파 150g, 고추 5개

1. 쪽파는 4cm 길이로 썰어줍니다.

2. 고추는 어슷썰기 합니다.

3. 꽃게는 물에 씻어 손질해서 준비합니다.

4. 체망에 ③을 넣고 소주를 부어 잡내를 잡은 후 물기를 쪽 뺍니다.

5. ④를 가위 또는 칼을 이용해 먹기 좋은 크기로 자르고 딱지의 내장은 긁어서 따로 모아둡니다.

6. 볼에 다진 마늘, 생강청, 배즙, 진간장, 멸치액젓, 고춧가루, 설탕을 잘 섞어줍니다.

7. ⑥에 물엿, 통깨, 참기름을 섞어줍니다.
※ 물엿을 나중에 넣는 이유는 먼저 넣으면 고춧가루가 퍼지지 않기 때문입니다.

8. ⑦에 ⑤와 ①, ②를 넣어 잘 버무려 완성합니다.

콩나물 어묵잡채

맛집 184

재료

콩나물 200g, 물 500㎖, 소금 약간, 어묵 150g, 당면 150g, 설탕 1큰술, 참기름 3큰술, 진간장 2큰술, 통깨 1큰술, 고춧가루 1큰술, 다진 대파 1+½큰술, 다진 마늘 1+½큰술

1. 콩나물은 씻은 후 물기를 뺍니다.

2. 웍에 콩나물, 소금 약간, 물 500㎖를 넣은 후 뚜껑을 닫아 강한 불로 삶습니다.

3. 콩나물을 삶는 동안 어묵을 길게 채 썰어줍니다.
※ 돌돌 말아 썰면 편해요.

4. ②의 웍에서 콩나물 냄새가 올라오면 한번 뒤섞어준 후 채반에 건져 식힙니다.

5. 끓는 물에 ③을 살짝 데친 후 채반에 건져 식힙니다.
※ 빠르게 데쳐주세요.

6. 끓는 물에 당면을 넣고 7~8분 정도 삶은 후 찬물에 헹궈서 물기를 뺍니다.
※ 10분 안쪽으로 익은 정도를 확인하면서 삶으세요. 당면 종류, 화력, 냄비에 따라 삶는 시간이 달라져요.

7. 볼에 당면, 설탕 1큰술, 참기름 1큰술을 넣고 살짝 버무립니다.

8. ⑦에 완전히 식힌 ④와 ⑤, 다진 대파 1+½큰술, 다진 마늘 1+½큰술, 고춧가루 1큰술, 진간장 2큰술, 통깨 1큰술, 참기름 2큰술을 넣고 버무립니다.

삼계탕

맛집 185

재료

닭 1.3kg, 찹쌀 450g, 물 4L, 마늘 100g, 은행 50g,

대추 50g, 밤 100g, 인삼 30g(1뿌리)

1. 생닭은 기름 많은 부위를 제거하고 흐르는 물에 깨끗이 씻습니다.

2. 찹쌀은 씻어서 물기를 뺀 후 면 주머니에 넣어 준비합니다.

※ 주머니는 적당히 공간을 주고 묶어주세요.

3. 냄비에 손질한 닭과 ②, 분량의 마늘, 밤, 대추, 은행, 인삼을 넣고 재료가 푹 잠길 만큼 물 4L를 부어 1시간 정도 강한 불로 끓입니다.

※ 30분 정도 지났을 때 찰밥이 든 면 주머니를 한번 뒤적여주세요.

4. 면 주머니에서 찰밥을 꺼내 그릇에 담아 삼계탕과 함께 차려 냅니다.

※ 면 주머니 속 찰밥은 뜨거울 때 꺼내야 들러붙지 않아요.

팽이버섯 냉채

맛집 186

재료

팽이버섯 500g, 오이 1개, 파프리카 2개, 게맛살 200g, 연겨자 20g, 설탕 30g, 식초 30㎖, 소금 약간, 다진 마늘 ½큰술

1. 팽이버섯은 밑동을 자른 후 가닥가닥 떼어내고, 게맛살은 결대로 찢으세요.

2. 오이는 5cm 정도 길이로 자른 후 돌려 깎기 해 도톰하게 채 썰고, 파프리카는 아래위를 자른 후 중간을 세로로 자른 다음 심을 제거하고 채 썰어주세요.

※ **파프리카가 대신 당근을 넣어도 좋아요.**

3. 끓는 냄비에 버섯을 넣고 살짝 데치세요.

4. 데친 팽이버섯은 바로 찬물에 씻어주세요.

※ **식감을 오돌오돌하게 만드는 비결입니다.**

5. 볼에 식초 30㎖, 설탕 30g, 소금 약간, 연겨자 20g, 다진 마늘 ½큰술을 넣고 녹여주세요.

6. 볼에 물기를 쪽 뺀 팽이버섯과 오이, 게맛살, 파프리카를 넣고 섞어주세요.

7. ⑥에 ⑤의 소스를 넣고 섞어주세요.

※ **냉장고에 넣고 차게 하면 더욱 더 맛있게 드실 수 있어요.**

훈제오리 부추볶음

맛집 187

재료

훈제 오리 500g, 양파 200g(1개), 부추 300g, 고추 30g(청·홍고추 각 1개), 다진 마늘 1큰술, 진간장 1큰술, 참기름 1큰술, 통깨 약간

1. 냄비에 물을 넣고 끓어오르면 불을 끈 후 훈제 오리를 넣어 살짝 데칩니다.

※ 삶는 것이 아니에요. 살짝 데치세요. 그냥 조리해도 맛있지만 데치면 기름기가 빠져 담백해져요.

2. ①을 채반에 올려 물기를 제거합니다.

3. 부추는 4cm 길이로 썰고, 양파는 얇게 채 썰고, 고추는 어슷 썰어줍니다.

4. 예열한 팬에 기름 없이 강한 불로 양파를 볶습니다.

5. 양파 숨이 죽기 시작하면 중약불로 줄이고 갈색이 돌 때까지 볶습니다.

6. 다진 마늘 1큰술, 진간장 1큰술을 넣고 볶다가 ②를 넣고 볶습니다.

7. 강한 불로 올리고 손질한 부추와 고추, 참기름 1큰술, 통깨 약간을 넣고 볶아 마무리합니다.

돼지갈비찜

맛집 188

재료

돼지갈비 1.7kg, 돼지 앞다리살 1kg, 청양고추 200g,

당근 100g, 생강청 40g, 다진 마늘 100g, 대파 100g,

배즙 300㎖, 진간장 200㎖, 후춧가루 1큰술, 설탕 120g,

참기름 3큰술, 다시마 2장

1. 돼지 앞다리살은 껍질과 막을 제거하고 돼지갈비와 비슷한 크기로 자릅니다.

※ 돼지갈비가 비싸고 양이 적어 앞다리살을 추가했어요. 뒷다리살로 조리해도 됩니다.

2. 돼지갈비와 손질한 앞다리살은 찬물에 30분 정도 담가 핏물을 제거한 후 흐르는 물에 씻습니다.

3. 냄비에 돼지갈비, 앞다리살, 생강청 40g, 돼지갈비가 잠길 만큼의 물을 넣고 뚜껑을 닫은 후 강한 불에 한소끔 끓입니다.

4. 고기 표면이 살짝 익으면 건져내 흐르는 물에 재빨리 씻은 후 채반에 밭칩니다.

5. 볼에 다진 마늘 100g, 배즙 300㎖, 진간장 200㎖, 후춧가루 1큰술, 설탕 120g, 참기름 3큰술, 어슷 썬 대파를 넣고 섞습니다.

6. 냄비에 다시마 2장을 먼저 깔고 ④의 고기, ⑤의 양념장을 넣고 강한 불에 끓입니다.

7. 당근은 2cm 두께로 잘라 돌려 깎고, 고추는 꼭지만 제거합니다.

8. ⑥에서 고기 익는 냄새가 나기 시작하면 고추, 당근을 넣고 뚜껑을 닫아 고추가 물러질 때까지 끓입니다.

※ **중간중간 섞어주세요.**

9. 뚜껑을 열고 조리다가 양념물이 반 정도로 줄어들 때까지 약한 불에 조립니다.

※ **고기가 물러 질 때까지 조리면 됩니다.**

낙지볶음

맛집 189

재료

낙지 800g, 배즙 100㎖, 참기름 3큰술, 소금 20g,

고추장 1큰술, 굴소스 1큰술, 양파 250g, 고춧가루 30g,

당근 70g, 다진 마늘 30g, 청양고추 60g, 생강청 20g,

대파 150g, 진간장 3큰술, 통깨 1큰술, 식용유 2큰술

---

1. 낙지는 내장과 이빨을 제거합니다.

※ 내장이 터지지 않게 조심하세요.

2. 손질한 낙지는 소금 20g으로 주물러 닦은 후 흐르는 물에 깨끗하게 헹굽니다.

※ 낙지의 빨판을 훑으면서 씻어주세요.

3. 볼에 ②를 넣고 끓는 물을 부어 살짝 데친 후 채반에 밭쳐 두었다가 먹기 좋은 크기로 자릅니다.

※ 삶으면 질겨지니 끓는 물에 데쳤다 바로 꺼내세요.

4. 양파는 굵게 채 썰고 당근은 직사각형으로 썰어줍니다. 청양고추는 어슷 썰고 대파는 길게 채 썰어줍니다.

※ 매운맛이 싫다면 청양고추 대신 일반 고추를 사용하세요.

5. 볼에 배즙 100㎖, 고추장 1큰술, 고춧가루 30g, 다진 마늘 30g, 생강청 20g, 진간장 3큰술, 참기름 2큰술, 굴소스 1큰술을 섞어 양념장을 만듭니다.

6. 예열한 팬에 ⑤의 양념장과 식용유 2큰술을 부은 후 강한 불로 끓입니다.

7. 양념이 끓어오르면 당근, 양파 순으로 넣어 중간 불로 볶다가 양파의 숨이 죽으면 낙지를 넣고 재빠르게 볶습니다.

8. 대파, 고추를 넣고 볶은 후 통깨 1큰술, 참기름 1큰술을 넣어 마무리합니다.

김치 손만두

맛집 190

재료

밀가루 700g, 간 돼지고기 350g, 간 소고기 250g, 묵은지 800g, 소금 약간, 두부 400g, 대파 2대, 다진 마늘 1큰술, 들기름 6큰술, 물 350㎖, 천일염 약간, 달걀 1개,

후춧가루 약간, 전분 약간, 밀가루 약간

---

1. 미지근한 물 350㎖에 소금 약간을 넣어 녹입니다.

2. 볼에 밀가루 700g을 넣고 ①의 소금물을 부어 반죽합니다.

※ 소금물을 조금씩 나누어 넣고, 밀가루에 수분을 스미게 하는 느낌으로 살살 비벼가며 반죽하세요.

3. 완성된 반죽은 비닐봉투에 담아 5~6시간 정도 숙성합니다.

4. 두부는 칼등으로 으깬 후 면보를 이용해 물기를 짜고 묵은지도 잘게 다진 후 물기를 짭니다.

※ 만두소에 물이 많으면 잘 터지니, 물기를 꼭 짜주세요. 묵은지는 너무 바짝 짜면 질겨지니, 아주 살짝 수분기를 남겨두세요.

5. 대파는 잘게 다집니다.

※ 대파 대신 부추를 넣어도 좋아요.

6. 볼에 ④와 간 돼지고기, 간 소고기, 다진 마늘 1큰술, 들기름 6큰술, 후춧가루 약간, 천일염 약간을 넣고 찰기가 생길 때까지 치댑니다.

※ 물이 안 나와야 잘된 거예요. 잘 치대야 만두피가 터져도 소가 쏟아지지 않아요. 생고기가 들어갔으니 혀끝으로 살짝 간을 보고 양념을 가감하세요.

7. ⑥에 달걀 1개를 넣고 치댑니다.

8. 잘 숙성된 반죽으로 만두피를 만듭니다. 먼저 반죽을 가래떡 모양으로 만든 후 적당한 크기로 균일하게 자릅니다.

※ 반죽이 도마에 들러붙지 않도록 도마에 밀가루를 소량 뿌려주세요.

9. 손으로 먼저 지름을 넓힌 후 밀대로 조금씩 밀어가며 지름을 넓힙니다.

10. ⑨의 만두피에 ⑦을 채워 반으로 접은 후 양끝을 잡아 연결한 다음 아랫부분에 전분을 살짝 묻힙니다.

※ 전분은 만두가 찜기에 들러붙지 않도록 해줘요.

11. 15분 정도 찝니다.

※ 만두를 놓을 때는 서로 붙지 않도록 간격을 유지하세요. 다 쪄지면 뜨거울 때 꺼내세요.

※ 양념장(고춧가루 1큰술+진간장 2큰술+식초 1큰술)을 곁들이세요.

굴림만두

맛집 191

재료

달걀 1개, 참기름 2큰술, 김치 300g, 두부 200g, 다진 마늘 50g, 간 돼지 뒷다리살 300g, 후춧가루 ½큰술, 소금 약간, 감자 전분 약간, 다진 대파 80g

1. 두부는 칼등으로 으깬 후 면보에 물기를 짜 준비합니다.

※ 물기가 있으면 만두소가 질척거려요. 물기를 꼭 짜주세요.

2. 김치는 흐르는 물에 살짝 씻은 후 곱게 다져 면보로 물기를 짭니다.

3. 볼에 ①과 ②, 간 돼지 뒷다리살, 다진 대파 80g, 다진 마늘 50g, 달걀 1개, 참기름 2큰술, 후춧가루 ½큰술, 소금 약간을 넣어 치댑니다.

※ 고기와 김치의 비율은 취향에 따라 조절하세요.

4. ③을 한입 크기로 동그랗게 빚은 후 감자 전분에 골고루 굴려 묻힙니다.

5. 찜기에 물이 끓어오르면 ④를 넣고 강한 불에서 10분 정도 찝니다.

도토리묵

맛집 192

재료

도토리묵가루 100g, 물 1.5L, 소금 3g, 참기름 1큰술

1. 물 1.5L 중 절반을 끓입니다.

※ 기본적으로 도토리묵가루와 물의 비율은 부피로 1:6이지만 여름에는 물 양을 조금 줄이세요.

2. 도토리묵가루를 채반에 올린 후 나머지 물을 부어 내리면서 살살 개줍니다.

3. ①의 물이 끓으면 ②를 저어가면서 붓고 강한 불에서 끓입니다.

※ 냄비는 얇은 냄비보다 도톰한 냄비가 눌어붙지 않아요.

4. 전체적으로 끓기 시작하면 약한 불로 줄여 계속 저으며 끓여줍니다.

5. 소금 3g을 넣고 젓다가 바글바글 끓어오르면 참기름 1큰술을 넣고 다시 저어줍니다.

※ 계속 저어줘야 찰기가 생겨요.

6. 유리 볼을 찬물에 헹구고, 물기가 있는 상태에서 ⑤의 묵을 부어 굳을 때까지 기다립니다.

※ 표면은 정리하지 않아도 저절로 수평이 맞아요. 완성되면 먹기 좋은 크기로 납작하게 썬 후 양념장 재료를 모두 섞어 도토리묵에 끼얹어 드세요.

도토리묵 무침

맛집 193

재료

묵 1모, 상추 3~4장, 오이 ½개, 통깨 약간, 빨강·노랑 파프리카 ½개씩, 참기름 1+½큰술, 진간장 1큰술, 국간장 약간, 고춧가루 ½큰술, 다진 마늘 ½큰술

양념장 재료

다진 대파 20g, 다진 마늘 10g, 진간장 4큰술, 국간장 1큰술,

고춧가루 ½큰술, 통깨 1큰술, 참기름 1큰술

1. 상추는 손으로 먹기 좋게 뜯고, 오이는 어슷 썰어줍니다. 빨강·노랑 파프리카는 씨를 제거하고 굵게 채썰기 합니다. 묵도 납작 썰어 준비합니다.

※ 파프리카는 너무 얇게 썰면 물기가 생겨 안 좋아요.

2. 볼에 묵을 넣고 참기름 ½큰술을 넣어 무칩니다.

3. 볼에 손질한 재료와 참기름 1큰술, 진간장 1큰술, 국간장 약간, 고춧가루 ½큰술, 곱게 빻은 통깨 약간, 다진 마늘 ½큰술을 넣고 살살 무칩니다.

※ 통깨를 빻아 넣으면 수분을 잡아줘요. 대파를 조금 다져 넣어도 좋아요. 맛을 보고 싱겁다면 소금을 약간 추가하세요.

김치수육

맛집 194

재료

삼겹살 500g, 김치 400g, 대파 1대, 물 300㎖, 고추장 1큰술

1. 삼겹살은 통으로 큼직하게 썰어줍니다.

2. 김치는 머리 부분을 잘라 반으로 자르고 대파는 큼직하게 썰어줍니다.

※ 김치는 통으로 사용해도 좋아요.

3. 물 300㎖에 고추장 1큰술을 섞습니다.

4. 압력솥에 고기, 김치, 대파 순으로 담고 ③의 고추장물을 부어 강한 불에서 끓입니다.

5. 압력추가 올라오면 약한 불로 줄이고 5분 더 끓인 후 불을 끄고 5분 정도 뜸 들입니다.

6. 고기를 먹기 좋은 두께로 썰어서 접시에 김치와 함께 담아 냅니다.

찐 감자

맛집
195

재료

감자 원하는 만큼, 물 적당량, 소금 약간

1. 감자는 껍질을 벗깁니다.

2. 밥솥에 종지를 엎어둡니다.

※ 감자가 물에 잠기지 않게 하기 위해서예요. 물에 잠기면 포실하게 쪄지지 않아요.

3. 감자를 넣습니다.

4. 물이 종지를 넘지 않도록 부어준 후 '백미쾌속' 기능을 선택합니다.

5. 완료되면 감자는 꺼내고, 물은 볼에 옮겨 담아 소금을 약간 넣고 섞어 감자에 끼얹습니다.

6. 밥솥에 다시 감자를 넣고 살살 흔들어 분을 낸 후 재가열 버튼을 누르고 찝니다.

카스텔라

맛집 196

재료

달걀 6개, 설탕 6큰술, 소금 약간, 식용유 약간, 우유 50㎖,

밀가루 200g(박력분), 베이킹파우더 약간

1. 달걀은 흰자와 노른자를 분리하여 노른자에 설탕 4큰술, 소금 약간을 넣고 잘 섞습니다.

2. 달걀흰자는 거품기를 이용해 머랭을 칩니다.

※ 뿔이 생길 정도로 한쪽 방향으로만 치면 됩니다. 머랭 치는 중간에 설탕 2큰술을 나누어 넣으세요. 볼을 뒤집어보아 쏟아지지 않으면 성공이에요.

3. 밀가루에 베이킹파우더 약간을 넣어 섞은 후 체로 곱게 내립니다.

4. 볼에 ②와 우유 50㎖, ⑤를 넣고 잘 섞습니다.

5. ⑥에 ③의 반을 넣고 거품이 가라앉지 않도록 살살 섞습니다.

※ 너무 '박력' 있게 섞어 거품이 죽으면 카스텔라가 떡처럼 되니 살살 섞으세요.

6. 남은 머랭을 마저 넣고 살살 골고루 섞습니다.

※ 한쪽 방향으로만 섞으세요.

7. 밥솥 안쪽에 기름을 바른 후 ⑧을 넣고 윗면을 평평하게 해준 후 '만능찜기능(50분 설정)'을 선택합니다.

※ 공기층이 빠져나갈 수 있도록 손으로 밥솥을 '통통' 쳐주세요.

8. 카스텔라가 완성되면 바로 꺼내 채반에 올려 식힌 후 빵칼로 자릅니다. **※ 밥솥에 오래 두면 빵이 단단해져요.**

약밥

맛집 197

재료

찹쌀 700g(3시간 동안 불리기), 채 썬 대추 70g, 흑설탕 140g, 밤 150g, 잣 20g, 굵은소금 2g, 물 300㎖, 진간장 2큰술, 참기름 3큰술

1. 볼에 찹쌀, 대추, 밤, 흑설탕 100g, 굵은소금 2g, 물 300㎖를 넣고 섞습니다.

※ **찹쌀의 물기를 완전히 빼야 물 분량을 정확히 맞출 수 있어요.**

2. ①에 진간장 1큰술, 참기름 2큰술을 넣고 섞습니다.

3. ②를 밥솥에 담아 윗면을 평평하게 한 후 '백미쾌속' 기능을 선택합니다.

4. 밥이 되면 볼에 옮겨 담아 뒤적여준 후 잣, 참기름 1큰술, 진간장 1큰술, 흑설탕 40g을 넣고 섞습니다.

5. 다시 밥솥에 옮겨 담고 윗면을 평평하게 고른 후 '재가열' 기능을 선택합니다.

6. 완료되면 볼에 옮겨 잘 섞은 후 원하는 크기로 뭉칩니다.

※ **손에 식용유를 살짝 묻히고 밥이 뜨거울 때 뭉쳐야 잘 뭉쳐져요. 냉동했다가 전자레인지에 데워 먹어도 좋아요.**

계란참치만두

맛집 198

재료

계란 4개, 두부 100g, 참치(통조림) 150g, 부추 50g, 다진 마늘 ½큰술, 소금 약간, 참기름 1큰술, 식용유 약간

1. 두부는 면보에 넣어 물기를 꼭 짭니다.

2. 참치도 면보에 넣어 물기를 꼭 짭니다.

3. 부추는 총총 썰기 합니다.

4. 볼에 ①, ②, ③, 다진 마늘, 참기름, 소금을 넣어 잘 치댑니다.

※ 충분히 치대야 재료가 잘 뭉칩니다.

5. ④를 4cm 길이 정도로 잘 뭉쳐줍니다.

6. 계란은 풀어서 준비합니다.

7. 체망에 ⑥을 걸러 알끈을 제거합니다.

8. 프라이팬에 식용유를 부은 뒤 키친타월로 닦아 기름 코팅을 합니다.

9. ⑦을 프라이팬에 얇게 펴놓고 ⑤를 얹어 말아서 완성합니다.

※ 프라이팬을 살짝 기울여 완성된 만두를 화구 위쪽으로 옮겨 살짝 익힙니다.

저탄수 유부초밥

맛집 199

재료

양배추 200g, 오이 200g, 당근(선택) 약간, 소금 1큰술, 두부 1모, 유부 28매, 통깨 1큰술(수북이), 참기름 1큰술

1. 양배추, 오이, 당근은 곱게 다집니다.

2. ①에 소금 1큰술을 넣고 절입니다

3. 두부는 으깨 강한 불에서 덖은 후 그대로 식힙니다.

※ **두부를 먼저 덖으면 수분도 잘 빠지고 상하는 것도 방지할 수 있어요.**

4. 덖은 두부가 식으면 면보에 넣어서 물기를 짭니다.

※ **물기를 완전히 제거해주세요.**

5. 끓여서 살짝 식힌 물을 유부에 부어 헹군 후 채반에 받쳐 식힌 다음 물기를 살짝 짜 준비합니다.

※ **물기는 살짝만 짜세요. 바짝 마르면 뻑뻑해서 맛이 없어져요.**

6. 절여놓은 ②의 채소를 면보에 넣어 물기를 짭니다.

※ **간이 짜다면 걱정하지 말고 빠르게 물에 헹군 후 물기를 짜세요.**

7. 볼에 두부와 ⑥, 통깨 1큰술, 참기름 1큰술을 넣은 후 조물조물 무칩니다.

8. 유부 안에 ⑦의 속을 채웁니다.

※ **원하는 만큼 넣으세요.**

달걀말이밥

재료

쪽파 약간, 빨간 파프리카 약간(½개), 노란 파프리카 약간 (½개), 달걀 8개, 밥 120g, 소금 약간, 식용유 약간, 참기름 1큰술

1. 쪽파는 송송 썰고 파프리카는 곱게 다집니다.

※ 쪽파가 없다면 대파나 청양고추도 좋고, 파프리카 대신 당근이나 단무지도 좋아요. 냉장고 속 색감 있는 식재료를 활용해보세요. 단, 채소가 너무 많으면 질척일 수 있으니 적당량만 사용하세요.

2. 달갈흰자와 노른자를 분리해둡니다.

3. 볼에 ①과 참기름 1큰술, 소금 약간을 넣고 섞습니다.

4. ③에 달걀흰자와 밥을 넣고 섞습니다.

5. 노른자에 소금을 약간 넣고 잘 저어둡니다.

6. 팬을 예열한 후 식용유를 두릅니다.

※ 기름으로 꼼꼼하게 코팅해주세요.

7. 팬이 뜨거워지면 불을 끄고 ④를 부어 얇게 펼친 후 강한 불로 올려 살짝 익힙니다.

8. 약한 불로 줄여 천천히 익힌 후 끝부분을 돌돌 말아 팬 위쪽으로 밀어 넣고, ④를 다시 부어 강한 불로 익힌 다음 같은 방법으로 말아줍니다.

※ 3회 정도 같은 방법으로 반복해서 말아주세요. 밥이 완전히 익어야 하니 꾹꾹 눌러주세요.

9. 불을 끄고 달걀노른자를 얇게 부어 같은 방법으로 돌돌 말아준 후 먹기 좋은 크기로 썰어줍니다.

스팸밥전

맛집 201

재료

스팸 340g, 식은 밥 120g, 묵은지 50g, 대파 20g,

참기름 1큰술, 계란 1개, 식용유 적당량

1. 스팸은 통썰기 한 뒤 테두리를 남기고 직사각형으로 속을 파냅니다.

2. 묵은지는 씻어서 물기를 꼭 짠 뒤 다집니다.

3. 대파는 총총 썰기 합니다.

4. 볼에 ②, ③, 식은 밥, 참기름, 계란을 넣어 잘 섞습니다.

5. 프라이팬에 식용유를 두르고 ①을 올린 뒤 속에 ④를 채워 넣고 구워 완성합니다.

보리고추장

맛집 202

재료

찰보리쌀 1kg, 엿기름 1kg, 물 10L + 4L, 소금 800g,

설탕 1kg, 메줏가루 1kg, 고운 고춧가루 3kg

1. 씻은 찰보리쌀을 밥솥에 넣어 밥을 지은 후 충분히 식힌 다음 갈아줍니다.

※ 밥이 푹 퍼져야 하니 물을 일반 밥물보다 많이 잡으세요. 하루 전에 만들어두어도 좋아요.

2. 엿기름은 채반으로 걸러 껍질을 제거한 후 ①과 물 5L와 섞습니다. 이 과정을 한번 더 반복합니다.

3. ②를 들통에 담고 뚜껑을 열어 2시간 정도 강한 불에서 끓인 후 소금 800g, 설탕 1kg을 넣어 저어준 다음 불을 끄고 식힙니다.

※ 설탕과 소금을 잘 녹여주세요.

4. ③이 식으면 메줏가루 1kg, 고운 고춧가루 3kg을 넣고 골고루 잘 섞습니다.

※ 농도가 맞지 않으면 물을 4L 정도 섞어 농도를 맞춰주세요.

5. 하룻밤 실온에 둔 후 보관통에 넣습니다.

※ 간은 소금으로 하세요.

된장

맛집 203

재료

메주 10kg, 물 20L + 적당량, 천일염 6kg, 건고추 7개, 대추 6개, 메주콩 1kg, 씨된장 적당량

1. 메주에 핀 곰팡이는 흐르는 물에 깨끗하게 닦습니다.

※ 물에 담가두지 마세요. 메주 속에 물이 들어가면 장 맛이 떨어집니다.

2. ①을 채반에 밭쳐 햇볕에 말립니다.

※ 2시간 후 뒤집어주세요.

3. 채반에 면보를 펼쳐놓고 그 위에 천일염을 올립니다.

4. ③에 물 20L를 천천히 부어 내려 천일염 찌꺼기를 거릅니다.

5. 보관통에 잘 말린 메주를 넣고 ④의 소금물을 붓습니다.

6. ⑤에 마른 홍고추와 대추를 넣고 면보로 덮어 햇볕에 둡니다.

7. 60일 후 간장만 떠내고 다시 뚜껑을 잘 닫은 후 햇볕이 잘 들고 바람이 잘 통하는 곳에 보관합니다.

※ 메주가 잠길 정도만 남기고 떠내면 됩니다. 너무 많이 떠내면 된장을 담글 때 치댈 수 없어요. 저는 5L 정도 떠냈어요. 떠낸 간장은 한번 거른 후 바로 먹어도 되고, 묵은 간장에 섞어 사용해도 됩니다. 달여도 되지만 도심에서 하기엔 냄새가 정말 지독해요!

8. 약 7개월 후, 메주콩은 상태가 안 좋은 콩을 골라낸 뒤 씻은 후 물에 담가 뜨는 콩은 건져내고 12시간 동안 불립니다.

※ 끓어 넘치지 않게 불을 조절하세요. 콩물을 먹었을 때 달큰하면서 메주 맛이 나면 다 익은 거예요. 콩물은 자작하게 남아 있어야 합니다.

9. 냄비에 불린 콩을 넣고 콩이 잠길 정도로 물을 부은 후 뚜껑을 닫아 강한 불에 삶습니다. 끓어 넘치기 전에 찬물을 조금 넣고 뚜껑 열어 삶습니다. 다 익으면 불을 끄고 뚜껑을 닫아 뜸 들입니다.

10. 익은 메주콩은 채반에 걸러 살짝 식힙니다.

※ 콩물은 버리지 마세요.

11. 큰 비닐에 채반에 거른 메주콩을 넣어 묶고 타월이나 얇은 담요로 덮은 다음 발로 으깹니다.

※ 비닐을 너무 꽉 묶지 마세요. 메주콩이 따뜻할 때 밟아야 잘 으깨져요. 중간중간 비닐을 열어 공기를 빼주세요.

12. 큰 그릇에 으깬 콩과 ⑦의 장, ⑩에서 나온 콩물을 넣어 섞습니다.

※ 주무르면서 덩어리를 으깨주세요. 아파트에서 만든다면 콩물을 조금 적게 잡아도 됩니다. 정해진 물 양은 없어요. 숙성되면서 수분이 줄어드니 약간 묽은 정도면 됩니다.

13. ⑫에 씨된장을 넣고 버무려 보관통이나 항아리에 담아 숙성합니다.

※ 씨된장이 없다면 생략해도 됩니다. 간은 앞서 담근 장에서 걸러놓은 간장으로 하세요. 없다면 굵은소금으로 해도 됩니다. 바로 먹어도 되지만 1년 숙성한 후 먹는 것이 맛이 가장 좋아요.

만능 보리막장

맛집 204

재료

막장용 메줏가루 1kg, 찰보리쌀 300g, 엿기름 300g, 물 3L, 굵은소금 500g, 고추씨가루 300g

1. 찰보리쌀은 씻어서 1시간 정도 물에 불린 후 전기밥솥이나 냄비를 이용해 밥을 한 다음 충분히 식힙니다.

2. 엿기름은 채반으로 걸러 껍질을 제거한 후 물 1.5L를 넣고 조물조물 주물러 짠 다음 채반으로 거릅니다. 채반에 남은 찌꺼기에 물 1.5L를 부어 주무른 후 한번 더 채반에 거릅니다.

3. 냄비에 거른 엿기름물을 넣고 뚜껑을 덮어 강한 불로 끓인 후 완전히 식힙니다. **※ 끓기 시작하면 넘칠 수 있으니 주의하세요.**

4. 막장용 메줏가루 1kg에 완전히 식힌 엿기름물을 조금씩 나누어 부으며 메줏가루를 불립니다. **※ 잘 저어주세요.**

5. 믹서에 식은 보리밥과 엿기름물 약간을 넣고 갈아줍니다.
※ 보리밥은 너무 곱게 갈지 않아도 됩니다. 밥알이 보여도 되니 대충 가세요.

6. ④에 ⑤와 굵은소금 400g, 고추씨가루 300g을 넣고 잘 섞습니다.

7. ⑥을 항아리에 담고 된장 표면을 랩으로 덮은 다음 굵은소금 100g 정도를 두툼하게 올린 후 면포를 씌우고 뚜껑을 덮어 서늘한 곳에 보관합니다. **※ 엿기름을 넣고 삭힌 보리쌀은 부글거리며 익기 때문에 자칫 변할 수 있는데, 소금을 올려 보관하면 이를 방지하고 구더기가 생기지 않습니다. 다음 날 농도를 체크해 너무 걸쭉하면 소주로 농도를 맞춰주세요. 너무 묽으면 고추씨가루를 추가하면 됩니다.**

생강청

맛집 205

재료

생강 3kg, 백설탕 3kg

1. 생강은 마디를 잘라내고, 마디 사이에 붙어 있는 흙을 살살 긁어내 흐르는 물에 깨끗이 씻은 후 채반에 밭쳐 물기를 뺍니다.

2. 물을 담은 볼에 생강을 넣고 치댑니다.

※ 세 번 정도 반복하세요. 물속에서 치대면 껍질이 자연스럽게 벗겨집니다.

3. 껍질을 벗긴 생강을 흐르는 물에 헹군 후 1시간 정도 채반에 밭쳐 물기를 뺍니다.

4. 물기 뺀 생강을 갈기 편한 크기로 자릅니다.

5. 커터에 생강을 넣고 갈아줍니다.

6. 볼에 ⑤와 백설탕을 넣고 잘 섞습니다.

※ 생강과 백설탕은 꼭 동일한 용량으로 넣어주세요.

7. ⑥을 하룻밤 재운 후 보관통에 담아 냉장 보관합니다.

※ 다른 재료를 같이 넣으면 저장성이 떨어질 수 있습니다.

EPILOGUE

언젠가 저만의 강단에 올라
강연을 하는 게
저의 소중한 꿈입니다.

남들처럼 고학력자도, 커리어 우먼도 아닌 제가 지금처럼 인정받을 수 있었던 이유는 다른 것에 한눈팔지 않고 묵묵히 가족을 위해, 이웃을 위해 요리해왔기 때문이라고 저는 감히 생각합니다. 30년 경력의 가정주부라는 내공이 지금의 저를 여기로 올려놓았습니다. 베테랑 가정주부라는 학위가 저를 '선생님'으로 불리게 해준 겁니다. 그러니 당신도 할 수 있다는 이야기를 꼭 전하고 싶습니다.

단순히 맛있는 요리로만 기억되는 게 아니라,
제가 꿨던 꿈 그리고 당신이 꾸는 꿈으로
함께 기억되기를 바랍니다.